元イーグルドライバーが語る

F-15戦闘機 操縦席のリアル

元 航空自衛隊 飛行教導群
F-15戦闘機アグレッサーパイロット
前川 宗

河出書房新社

F-15戦闘機とパイロットの「驚異の実力」とは？◆はじめに

私が初めて「F-15」という戦闘機を実際に見たのは、航空自衛隊「航空学生」になって1年目の研修のときでした。

航空学生といっても、身分としては自衛官。配属先は山口県防府《ほうふ》北基地第12飛行教育団。パイロットの養成を目的とした部隊です。当時は、さまざまな知識や技術を身につけるべく、日々訓練や勉強に明け暮れていました。

研修で訪れた福岡の築城《ついき》基地、そこで初めてF-15戦闘機を実際に目にしました。しかし、このときはまだ、自分が将来この戦闘機に乗ることになるとは、まして〝敵役〟となって若手パイロットたちを指導する飛行教導群《きょうどうぐん》、別名「アグレッサー部隊」の一員になるとは、まったく想像もしていませんでした。

F-15は、アメリカのマクドネル・ダグラス（現・ボーイング）社が、制空戦（ドッグファイト）を主な任務として開発した戦闘機です。愛称はイーグル（Eagle）。その愛称から、F-15を操縦するパイロットたちは「イーグルドライバー」と呼ばれています。

F−15が初飛行を行なったのは1972年のことです。1977年には、日本の航空自衛隊にも採用されました。航空自衛隊で使用されているF−15は、三菱重工業を中心とした各メーカーで分担しながら製造されており、国産であることを示す「F−15J」「F−15DJ」の名で知られています。

初飛行から、すでに50年以上が経過していますが、優《すぐ》れた基本設計であること、そしてレーダーをはじめとした電子機器、搭載される装備の近代化が進められたことにより、現在においても、戦闘機のなかでトップクラスの実力を持っているといえます。

私は、1999年4月に航空学生として航空自衛隊に入隊してから2019年1月までの約20年間、主にF−15戦闘機パイロットとして勤務しました。その間、戦略、戦技、戦法などをくり返し学びながら、F−15とともに首都防空、スクランブル発進、海外訓練、飛行教導群（アグレッサー）部隊などの任務を行なってきました。

本書は、その経験をもとに、F−15戦闘機の発進から帰投までの実際、対領空侵犯措置《そち》による緊急発進（スクランブル）、日々の訓練、アグレッサーパイロットの操縦技術など、さまざまな場面で「みなさまが抱く疑問」の数々を解き明かしていきます。

今、日本を取り巻く安全保障環境は、厳しく複雑なものになっています。2024年9月23日には、ロシア軍の哨戒機《しょうかいき》1機が北海道・礼文島《れぶんとう》付近の領空を侵犯。退去にも応じなかったため、航空自衛隊のF－15戦闘機が緊急発進し、ロシア機に対して赤外線誘導ミサイルなどをかく乱する「火炎弾（フレア）」を発射しました。対領空侵犯措置で自衛隊の戦闘機がフレアを発射したのは初めてのことです。

航空自衛隊のF－15戦闘機は、日本の空を守る要《かなめ》の1つです。戦闘機とパイロットが体感する「操縦席のリアル」をこれからたっぷりお話しします。

前川 宗

1 最強の戦闘機F-15の機動と実力

2 現代の空中戦、何が勝敗を分けるか

4 防空の最前線を飛ぶ使命と覚悟

5 空自の精鋭集団「アグレッサー」の素顔

6 険しく充実していたトップガンへの道

7 日本を空から守るということ

096

F-15J／DJ戦闘機

◆乗員：1人（F-15J）／2人（F-15DJ）
◆全幅：13.1m　◆全長：19.4m
◆全高：5.6m　◆搭載エンジン数：2基
◆最大速度：マッハ約2.5　◆航続距離：約4,600km
◆武装：20mm機関砲×1
空対空レーダーミサイル×4
空対空赤外線ミサイル×4

カバーデザイン◆こやまたかこ
写真提供◆緒方秀行
◆黒騎士
図版作成◆原田弘和
協力◆岡本象太

1 最強の戦闘機 F-15の機動と実力

F-15は、なぜ「特別な戦闘機」といえるのか?

現在、航空自衛隊は3機種の戦闘機を配備しています。最新鋭のステルス性能を持ったF-35、F-16を日本の運用に合わせて改造開発したF-2、そしてF-15です。保有機数ではF-15がもっとも多く、現在200機程度が全国の各基地に配備されています。

F-15はある意味、「特別」な戦闘機といってよいでしょう。アメリカで開発され、1972年にアメリカ空軍で運用が始まって以来すでに50年以上、自衛隊に導入されてからでも、すでに40年以上が経《た》っています。

たとえば、自動車であれば、40年前といえば明らかに「ひと昔前のクルマ」です。しかし、F-15はいまだに日本の国防を担《にな》う主たる戦闘機という位置付けにあることは間違いありません。世界的に見ても、アメリカ、韓国、シンガポール、サウジアラビアなどで現在も運用されています。

2025年で戦後80年。広島と長崎に原爆が投下され、戦争が終結して、その約10年後に自衛隊が発足しました。以来約70年、その半分以上の年月で運用されてきた戦闘機——それがF-15なのです。

航空自衛隊の主力戦闘機として活躍するF-15

双発の強力なエンジンを備え、世界でもトップクラスの実力を誇る

さらにいえば、自衛隊よりも長い歴史のあるアメリカ軍、彼らは常に最先端の戦闘機の開発を続け、さまざまな〝最新鋭戦闘機〟を世に送り出してきました。にもかかわらず、開発から50年以上経った今でもつくり続けている戦闘機、それがF−15なのです。

長寿のF-15が今でも現役でいられる理由

F−15が「特別」である所以《ゆえん》——それは、「非常によく考えられた戦闘機」であるからともいえます。

携帯電話を例にしてみましょう。iPhoneは、初めて登場したときは不具合も多く、完璧といえる製品ではありませんでした。しかし、それを改修してバージョンアップを続けていくことで完成度が高まっていき、現在も多くの人に使われています。

一方、日本の企業が開発した、いわゆる「ガラケー」がなぜ、iPhoneにシェアを奪われたのかといえば、発売した時点で100パーセントの完成度を目指したからではないでしょうか。たしかに完成度は高かったけれども、それ以上に発展させる余地がなかったわけです。

F−15の優《すぐ》れている点は、iPhoneと共通しているところがあります。それは〝余白〟があるということ。エンジンや燃料や電子機器が詰めこまれたボディには、改修を行なったり、新たな設備を搭載するためのスペースが常に1～2割あるのです。ボディに改修の余地を残しており、設備も後付けが可能だったからこそ、長い歴史のなかで進化を遂げることができたのです。

F-15の実力が、再び脚光を浴びる日がやってくる

もう1つの優れたポイントが、ボディの設計です。F-15は、スピード性能（加速、減速）、旋回性能（旋回率、高速旋回、低速旋回）、耐G性能（最大9Gの衝撃に耐えつつ、故障が少ない）、乗り心地の良さ（コックピットの広さ、通常運行時の安定具合）などにおいて、戦闘機としての基本設計が非常に優れています。だからこそ、〝中身〟だけを変えることで改修を重ねながら、登場から40年以上経った今でも第一線で活躍できるのです。

F-15は戦闘機としては「第4世代」と呼ばれます。現在、戦闘機は「第5世代」へと移り、各国ではすでに「第6世代」の開発が進められています。

しかし、技術が進化を続けるなかで、最新鋭もいつかは最新鋭ではなくなります。たとえば、第5世代の特徴であるステルス性能は、レーダー波を反射しない技術によって実現していますが、研究が進めば、いずれはステルス機も捕捉《ほそく》できるレーダーが開発されるでしょう。そうなれば、ステルスはもうステルスではなくなり、さらに高性能の戦闘機が開発されるはずです。

まさにイタチごっこです。

そんななかで、F‐15はいまだにつくり続けられています。この事実は、アメリカが、運用実績があり、かつコストパフォーマンスのよいF‐15の時代がまた来るであろうと考えていることの証左《しょうさ》だといえるのではないでしょうか。

それだけ、F‐15は優れた戦闘機であるといわざるを得ないのです。

2つのタイプがあるF‐15戦闘機の座席

自衛隊が保有するF‐15には、単座型のF‐15Jと複座型のF‐15DJがあります。メインとして運用しているのは単座機で、複座機は主に教育用です。前席にパイロット学生が乗り、後席に教官が乗る。助手席に教官が乗る自動車の教習と同じです。

複座型の場合、後席からも前席と同じように基本的な操作を行なうことが可能です。当然、操縦桿《かん》も連動しており、前席で動かせば後席でも同じように動きます。

スロットルも前席で動かせば、後席でも同じように自動的に動きます。前席で操縦する学生が何か誤《あやま》った操作を行なったら、後席の教官が即座に修正する、ということもできます。

研究のために複座機を使用することもあります。前席は操縦に専念、後席はデータ取りとい

複座型のF-15DJ。単座型のF-15Jと同様の戦闘力、
有事に対応できる能力を備えている

F-15DJのコックピット。前後どちらの席からも操縦が可能

うように、前後席の役割を明確にすることで、精度の高い研究や試験を行なうことが可能になります。

また、後述するアグレッサー部隊は複座機をメインで運用していますが、これは日々の研究や〝敵役〟を行なうといった複雑な任務環境のなかで、確実に安全を管理、確保するためです。

操縦席の計器をすべて把握するのは困難

F－15のコックピットには、おびただしい数の計器類が並んでいます。速度計、高度計、エンジン関連といったさまざまな計器、レーダー装置などです。座席の脇には、無線や電子機器に関する機材などが設置されています。

最近は自動車でも、フロントパネルに表示される情報量が飛躍的に増えていますが、飛行機の電子制御化にともなう情報の複雑化はそれ以上です。目の前にあるすべての情報を一瞬にして解読することは難しく、多くの飛行経験があったとしても、まず不可能でしょう。

そこで、常に見ていなければならない計器、正確に把握しておかなくてもよい計器など、目に見える情報を整理し、適切に判断する技術が必要になります。

私が乗り始めた2000年代初頭頃は、まだ計器はアナログがほとんどでした。F－15は2基のエンジンが搭載されているので、回転数、温度、燃料などの計器が2つずつ並んでいます。

アナログのよいところは、針の位置を一瞥《いちべつ》するだけで、情報を直感的に把握できることです。たとえば、エンジン温度のように、パイロットの意思では微妙なコントロールが不可能なものについては、針がグリーン、イエロー、レッドのどの位置にあるかのみを把握しておけばよく、正確に温度が何度なのか、数字を読まなくてもよいわけです。

一方、速度や高度、あるいは他機との位置関係などは、機動性を大きく左右するものなので、厳密に把握してコントロールする必要があります。飛行中は計器と外をクロスチェックしながら操縦桿を握っています。

地球の丸さを実感できる「高高度」の世界

戦闘機が飛ぶ高度は、一般的な旅客機と大きく違うのかといえば、じつはそんなことはありません。

性能からすれば、戦闘機の最高高度は約5万フィート（約15キロメートル）になります。一方、旅客機の場合は4万フィート程度。エンジンの性能ギリギリまで攻めれば、それ以上の高度を飛ぶことが可能です。ただし、それはあくまで性能の話であって、ふだん飛んでいる空間やエリアは基本的には一緒です。

飛行機が飛ぶエリアは「対流圏《たいりゅう》」と呼ばれる、地上から高度16キロまでのエリアです。その上の成層圏は、宇宙空間用の装具を備えた飛行機でなければ飛ぶことができません。戦闘機は、宇宙ロケットにもっとも近い存在ですが、宇宙空間を飛ぶことはできないのです。対流圏のいちばん上のあたりまで、旅客機はそのもう少し下までです。

私自身、5万フィートの高度まで飛んだことが何度かあります。そこで見える景色は明らかに違います。上を見ると空の色は濃いブルー。高度が上がれば上がるほど濃くなります。映画などで見る宇宙空間のような深いブルーです。

下を見ると、視界が良好であれば、地平線・水平線がはっきり見渡せます。大きく弧《こ》を描《えが》いており、地球が丸いことが実感できます。

高度が上がると、飛行機の飛び方も変わってきます。まず、急旋回が困難になります。戦闘機は機体を傾けて翼に空気抵抗を受けることで旋回しますが、高高度では空気が薄いので空気抵抗が弱まり、旋回能力が落ちてしまいます。自動車でいえば、タイヤの摩擦力が弱く、思うように曲がれない状態です。

急旋回がしにくくなる一方、空気が薄いことで抵抗が小さくなるため、速度が出やすくなります。その半面、エンジンへの酸素の供給も減るのでパワーが落ち、減速もしやすくなります。

つまり、性能も扱い方も高度によってまったく異なるということです。ふだんの訓練などで飛んでいる高度は、だいたい1万〜5万フィートのあいだで、目的によって変わります。

2万フィート台まであれば、機動するうえでそれほど意識しなくてもスムーズな操縦が可能です。3万フィートまで上がってくると、空気密度が落ちるので、意識して操作をしないとエネルギーがすぐに減ってしまいます。

4万フィートを超えてきたら、些細《ささい》なことでコントロールがきかなくなり、致命的なミスにもつながりかねません。エンジンパワーも速度も落ちやすくなります。そうなると、再び加速するのは難しいので、位置エネルギーを利用して、つまり、降下することによって速度を上げ、また上昇しなければなりません。

この〝二度手間〟を避けるために、細心《さいしん》のコントロールで速度を維持することが必要になります。

飛行時にパイロットにかかる「G」は強烈

ジェットコースターや戦闘機の話題が出たとき、「G（ジー）がかかる」「Gがすごい」というような表現を聞いたことはないでしょうか。

Gとは加速度、つまり速度が急激に変化する際に物体に働く力のことです。地上で地面に立っている状態が1Gです。旅客機が離陸するときに感じるGは1・3〜1・5G、ジェットコースターの場合で約3Gです。そして、戦闘機のパイロットにかかるGは、F－15の場合で最大9Gにも達します。

Gには方向があります。旅客機の離陸時にかかるGは、後ろ方向にかかるGです。自動車で急カーブを切るときには横方向、いわゆる「横G」です。

戦闘機のパイロットに強いGがかかるのは、加速時ではなく、主に急旋回時です。急旋回するときは、機体を大きく傾けて機首を上げるようにして方向を変えます。このときパイロットの頭上から下半身に向けて縦《たて》方向にGがかかります。これを「プラスのG」と呼びます。

イメージするなら、水を入れたバケツをブンブン回すようなもので、水は遠心力でバケツの底に張り付くため、横にしても逆さにしてもこぼれません。この〝水〟が、急旋回しているときのパイロットです。

このとき、パイロット自身が9Gの力をどう感じているかというと、体重70キログラムであれば、その9倍の630キロの力で上から押さえつけられている状態です。どんなに筋力があっても、腕を動かすこともできません。体をひねるぐらいはできますが、重心を動かすような動きはまったくできません。

しかし、旋回中も操縦は続けなければなりませんし、無線で交信することもあります。場合によっては、旋回中に後ろを振り返って目視《もくし》で状況を確認する必要もあります。このとき、首と腰に大きな負担がかかります。

高いG（「ハイG」と呼びます）がかかるとき、いちばん難しいのは意識を保つことです。このとき、心臓のポンプは1Gの重力に反して血液を脳に押し上げています。この血流によって脳に酸素が供給され、意識が保たれます。

しかし、これが9Gになると心臓のポンプも音《ね》を上げ始めます。意識を保つこと自体が難しくなるのです。無防備でいたら、

旋回中のF-15。パイロットには強いGがかかる

おそらく5秒程度で失神するでしょう。

失神する直前には前兆があります。視界がどんどん狭くなっていくのです。それが進むとまったく視野を失ってしまいます。これを「ブラックアウト」といいます。さらにGがかかると失神に至ります。これを「Gロック（G-LOC：Loss Of Consciousness by G-force＝Gによる意識喪失）」といいます。

Gロックにならないために、戦闘機のパイロットはふだんからさまざまな訓練を行ないます。耐G訓練によって、強力にGがかかる状況でも筋力や呼吸法で意識を保つ方法を習得するわけです。

耐G訓練には「加速度訓練機」という機器を用います。数メートルの長さのアームの先に1人用のゴンドラのようなものが設置されており、これに乗ってグルグル回転することで、遠心力による強いGを体験できるしくみです。

戦闘機のパイロットになる人間は、最初にこの訓練を行ない、Gロックになると自分の体にどのような変化が起きるのかを学びます。最初は全身に力を入れて踏ん張ることで意識を保つことができますが、しだいに視界が狭くなり、目の前がグレー色になります。モノクロの映画を見ているような感じです。

そこでグッと踏ん張ると、また視界が戻ってきます。それでも、体力的に限界値があります。

限界を超えた瞬間、視界が真っ暗になり、気を失います。ブラックアウトです。いびきをかいて眠っているのと同じ状態になります。体を強く揺さぶられたり、声をかけられたり、刺激を与えられると、ようやく目を覚まします。

Gロックは、戦闘機パイロットにとって怖い現象の1つです。気を失い、無線で呼びかけられてハッと目覚め、即座の回復操作で機体の体勢を持ち直す、ということも十分に起こり得るのです。

以前、実際に訓練であったケースですが、あるパイロットがGロックになり、周囲が無線で必死に呼びかけました。

呼びかけにより目を覚ましたパイロットの目の前には、すでに海面が迫《せま》っていました。あわてて操縦桿をグッと引き、回復操作を行なったのですが、そこでまたハイGがかかり、再度気絶して、また目覚める……これを3回ぐらいくり返して生還しました。ただし、本人は気を失っていたので詳細は何も覚えていませんでしたが……。

パイロットの命を守る「耐Gスーツ」の機能とは

強烈なGに耐えるために、戦闘機パイロットが着用するのが「耐Gスーツ」です。飛行服の

パイロットの失神リスクを軽減する「耐Gスーツ」

酸素マスクや耐Gスーツなどの装具も厳重に点検整備される

上に、腹部から下半身部分を覆《おお》うように穿《は》きます。

コックピットに座るときは、機体とGスーツを、Gスーツに付属しているGホースでつなぎます。飛行中にGがかかると、Gの強さと連動してGホースから空気が送りこまれ、下半身、お腹から太もも、ふくらはぎにかけて自動的に圧迫されます。Gによって下半身に血が下がるのを防ぐためです。

私が乗り始めた当初は、このGホースを接続し忘れたためにGロックになったという人もいましたし、コックピットのなかで体を動かしていたら、いつのまにかGホースが抜けていた、という人もいました。

こうした事例がいくつもあったので、現在では絶対に外れないように改良されています。

機体も人間も「強マイナスG」には耐えられない

上から下にかかるGを「プラスのG」と呼ぶと説明しましたが、反対に「マイナスのG」もあります。

通常の状態がプラス1G、Gがゼロのときがいわゆる「無重力状態」です。マイナスになると、体が浮き上がるような感覚になります。ジェットコースターで頂点を超えたときに体がふわりと浮く感じがありますが、あれを強烈にした感覚です。私自身、プラスは9Gまで体験したことがありますが、マイナスは3Gまでが限界です。

そもそも、戦闘機でマイナスGが発生するような動作を行なうことはほとんどありません。急激に方向を変えざるを得ないときなど、特殊な場合のみです。

プラスのGは、旋回するたびに必ずかかってくるので、機体もそれを想定して設計されています。しかし、強いマイナスGは想定外なので、設計上、3Gより強いマイナスGに耐えられるようにはなっていないのです。

人間も機体と同様、強いマイナスGには耐えられません。前述したように、プラスのGに対しては、呼吸法やトレーニングで筋肉を働かせることにより、何とか脳に血流を押し上げることが可能です。

しかし、マイナスGの場合は、血流は脳に上がっていこうとします。勝手に上がっていくものを押しとどめる手立てはありません。人間が、逆さまにぶら下がった状態がマイナス1Gですが、ふつうはこの状態で十分に頭に血が上ります。3Gでは、その3倍の力が働きます。

そうなると、体に変化が起こります。頭部の血圧が上がり、眼球内の血管に血液が集中することで、視界が真っ赤になるのです。

これを「レッドアウト」といいます。レッドアウトは、強烈なプラスのGによって気を失うブラックアウトより、さらに危険であるといわれています。

私自身が実際にマイナス3Gを体験したときは、チリや埃《ほこり》も含めてコックピット内の固定されていないすべてのものが浮き上がりました。内臓が下から押し上げられ、頭に血が上って、めまいがします。短時間でしたから何とか耐えられましたが、長い時間ではとても耐えることは無理だったと思います。

音速を超えた瞬間、コックピットでは何が起こる？

F-15の最大速度は時速約3000キロメートルです。マッハに換算すると2・5、音速の2・5倍の速さで飛ぶことができます。

音速を超えると、何が起こるのか。よく知られているように、衝撃波が発生します。ドーンという音がして、空気の波が発生し、周囲に建物があれば窓ガラスが割れたり、人の鼓膜《こまく》に影響を与えたり、ということが起こり得ます。

では、マッハを超えた瞬間、乗っている人間はどう感じるのか。じつは、まったく変化はなく、そのままの状態で操縦することができます。新幹線や旅客機に乗っていて、乗り物自体は高速で移動していても、乗客はそれほど振動を感じずに本を読んだりコーヒーを飲んだりできるのと同じ感覚で、音速を超えても超えなくても変わらないのです。

超音速を出すためには、パワーが必要です。そのため「アフターバーナー」という機能を使います。これは、ジェットエンジンの排気にさらに燃料を吹きつけて燃焼させ、高い推進力を得る装置です。

戦闘機の場合の最大出力、自動車でいうトップギアを「ミリタリー」といいますが、このミリタリーからもう一段上げると「アフターバーナー」が作動します。トップギアの上にもう1つ〝スーパー〟があるような感覚です。

アフターバーナーを作動させて超高速で飛べば、東京から北海道まで約20分で到達できる計算になります。ただし、それはあくまで計算上での時間で、実際はそんな飛び方をすることはあり得ません。

アフターバーナーを作動させると、当然、燃費は悪くなります。F-15の燃料タンクを満タンにしても、常にアフターバーナーが作動していたら30分が限界でしょう。離陸から帰投まで30分、上空に30分しかいられないとしたら、戦闘機としては役に立ちません。

実際の戦闘では、燃料の消費を抑える飛び方が要求されます。まず、離陸したらできるだけ早く高高度に上昇します。高高度は空気密度が低いので、燃料の消費を抑えることができます。いざ戦闘というときには、必要に応じて高度を下げたり、アフターバーナーを使用したりします。そして、また上昇して帰投する、というように使い分けます。

ちなみに、燃料の消費を考えず、敵に発見されないことだけを考えれば、地上または海面スレスレを這《は》うように飛ぶのも1つの方法です。

しかし、その飛び方では燃費が悪くなります。状況によって何を重視するかで、飛び方はまったく変わるということです。

離陸直後、ロケットのように急上昇する理由

急上昇は、戦闘機特有の飛び方です。旅客機が離陸直後に上昇する際は、角度でいえば10～20度。戦闘機の場合は、40～50度で上昇することがあり、これを「ハイレートクライム」といいます。

40～50度の傾斜がどのくらいかというと、たとえば、スキーのジャンプ台が35～37度。これを逆走していくことを想像してみてください。それよりさらに10度ほど急になるので、地上から見ていると、ほとんど垂直に上っているように思えるはずです。戦闘機は、それくらい急な角度での上昇が可能なのです。日常生活ではなかなか目にすることのない傾斜なので、想像しにくいかもしれません。

なぜ、そんな飛び方をしなくてはならないのか。戦闘機が速く飛ぶのは、誰よりも早く目的地に到達するためです。

目標となる航空機が上空にいたら、いち早く追いついて、任務を遂行《すいこう》しなければなりません。日本の空を守る戦闘機にとって、目的地や目標となる航空機がいつどこに現れるかはわかりませんし、パイロットが自由に選択できるものでもありません。状況や相手しだいで柔軟に対応しなければならないのです。

また、より遠いところでのミッションになると、早く高高度に到達したほうが有利です。ハイレートクライムでは最初こそ燃料を使いますが、なるべく空気密度の低い高高度で航行することで、最終的には燃料

ハイレートクライム中のF-15。機体は急角度となる

消費の効率がよくなります。

自動車でも、一般道をゆっくり移動するよりも、高速道路に乗って全行程を時速100キロ近い速度でコンスタントに走ったほうが、トータルでの燃費はよくなるはずです。ハイレートクライムは、なにも派手にデモンストレーションするためにやっているわけではなく、合理的、時に強制的な環境や理由があって行なっているのです。

戦闘機が編隊で離着陸を行なうわけ

戦闘機特有の離陸方法に、編隊離陸があります。滑走路に戦闘機が2機横並びとなり、同時に離陸するという、旅客機では絶対にあり得ない離陸方法です。

2機同時に離陸する理由の1つは、時間の短縮。2機ずつ離陸すれば、1機ずつの場合に比べて2倍の速さで戦闘機を送りこむことができます。

もう1つの理由は、秘匿《ひとく》を図るためです。2機が非常に近い距離で同時に動いていると、レーダーは1機として認識するので、敵の目を欺《あざむ》くことができます。実際、地上でも上空でも、レーダーでは1機に見えたのに、じつは2機だったということはよくあるケースです。そもそも、そのための編隊飛行という側面もあります。

離陸については、時間短縮と秘匿が主な目的ですが、着陸に関していえば、編隊で行なうことに時間短縮のメリットはそれほどありません。単独で着陸するほうが、ずっとラクですし、時間も短縮することができます。

また、編隊で飛行するときは、急激な操作はできません。とくに、機体に振動が出てくる速度帯は編隊を維持すること自体が難しくなります。つまり、編隊で着陸するよりも、単機で列をつくって次々と着陸するほうが簡単なのです。

それでも編隊で着陸するときは、滑走路の延長線上で編隊着陸の体勢を整え、長機（リーダー）は僚機（ウイングマン）のことを気にしながら、僚機は長機から離れないように精密なコントロールを行ないながら着陸する技術が求められます。

編隊離陸を行なうF-15

安全に着陸するために考案された減速法

戦闘機に限らず、航空の世界には「クリティカル11ミニッツ」という言葉があります。離陸後の3分間と着陸直前の8分間、合計11分間がもっとも事故が起きやすい危険な時間帯といわれているのです。

一般的には雷や突風などの天候の影響や、バードストライク（鳥の衝突）などの影響を受けやすいことが理由といわれ、高度が低いということも1つの要因となります。

上空で何か不測の事態が発生した場合、高度があれば何とか対処する時間を確保することができます。極端な話、仮にエンジンが止まったとしても、位置エネルギーを利用して速度を出したり、エンジンを回復させるための時間を確保できる高度があれば、対処可能です。

もしも、エンジンが止まった原因が酸欠であれば、高度を下げることで再始動するかもしれません。どうしても回復が無理であれば、ベイルアウト（緊急脱出。83ページ参照）という手段もあります。

しかし、離陸直後や着陸直前に不測の事態が起きたら、姿勢を整えたり、回復操作を行なうといった時間的余裕がありません。このように、航空機にとって離陸・着陸は危険がともなうのです。

着陸方法は旅客機と戦闘機では異なります。旅客機は着陸時、滑走路に接地した以降、主に3つのブレーキシステムを使います。翼の抵抗力（スポイラー）、車輪のブレーキ、エンジンの逆噴射です。

戦闘機は、機種によって方法は異なりますが、F-15戦闘機を例にあげると、通常2つのブレーキシステムを活用します。

まず、接地と同時に機首を一定の角度まで上げ、後輪（メインタイヤ）のみで機体を支えます。バイクのウィリーをイメージするとわかりやすいでしょう。機首を上げることで、翼に受ける空気抵抗を最大限に増大させ、減速します。この方法を「エアロダイナミックブレーキ」といいます。

エアロダイナミックブレーキ中は車輪のブレーキは一切使用しません。また、方向のコントロールは垂直尾翼に付いているラダーを使用します。この減速方法を活用することで、高速状態の車輪ブレーキ使用によるタイヤの損耗《そんもう》を防ぐことができます。

エアロダイナミックブレーキにより、ある程度減速させたら機首を下げ、前輪（ノーズタイヤ）を滑走路に接地させ、あとは車輪ブレーキを使用して制動します。

その他にも、アレスティングフックを使用した着陸方法があります。次項で詳しく説明しま

エアロダイナミックブレーキ中のF-15

ドラッグシュート使用中のF-2

すが、ブレーキシステムに不具合があり、着陸に支障をきたした場合に、機体に装備されたフックをワイヤーに引っかけて止まる方法です。

また、「ドラッグシュート」を使用して減速する戦闘機もあります。これは、接地と同時にパラシュートのようなものを機体の後方に展開させ、空気抵抗による制動を行なう方法です。

着陸の第一の目的は「安全に止まること」。そのために、航空機によってあらゆる適した方法がとられているのです。

非常時に使用される「アレスティングフック」

前項でも触れましたが、戦闘機の着陸には、アレスティングフックを使った方法があります。アレスティングフックとは、機体後方に装備された制動用フックのことです。これを着陸時に機体の後ろに垂《た》らし、地上に設置した「バリア」と呼ばれるワイヤーに引っかけることで止まります。

アレスティングフックを使って着陸するのは、ブレーキシステムが故障した可能性がある場合など、着陸制動に支障をきたす状況が起きたときです。エンジンを停止しても、その他の制動力が機能しなければ、滑走路をオーバーランしてしまう可能性がありますし、車輪ブレーキに不具合があれば、確実に停止することはできません。それを防ぐために使用します。

アレスティングフックは、離陸時にも使うことがあります。

離陸滑走を始めてから、離陸に影響を及ぼすトラブルが発生した場合、2基以上のエンジンを搭載した機なら、不必要なエンジンを停止して推進力を落とすと同時に、車輪ブレーキを使用して制動します。

航空機は離陸するとき、最大出力で加速します。そのため、離陸中のトラブルによる緊急停止は速度が上がっているときに起きる可能性が高く、すべてのブレーキシステムを使用しても滑走路内で停止することができないことがあります。そんなとき、アレスティングフックを使用して強制的に

アレスティングフックを使用した着陸

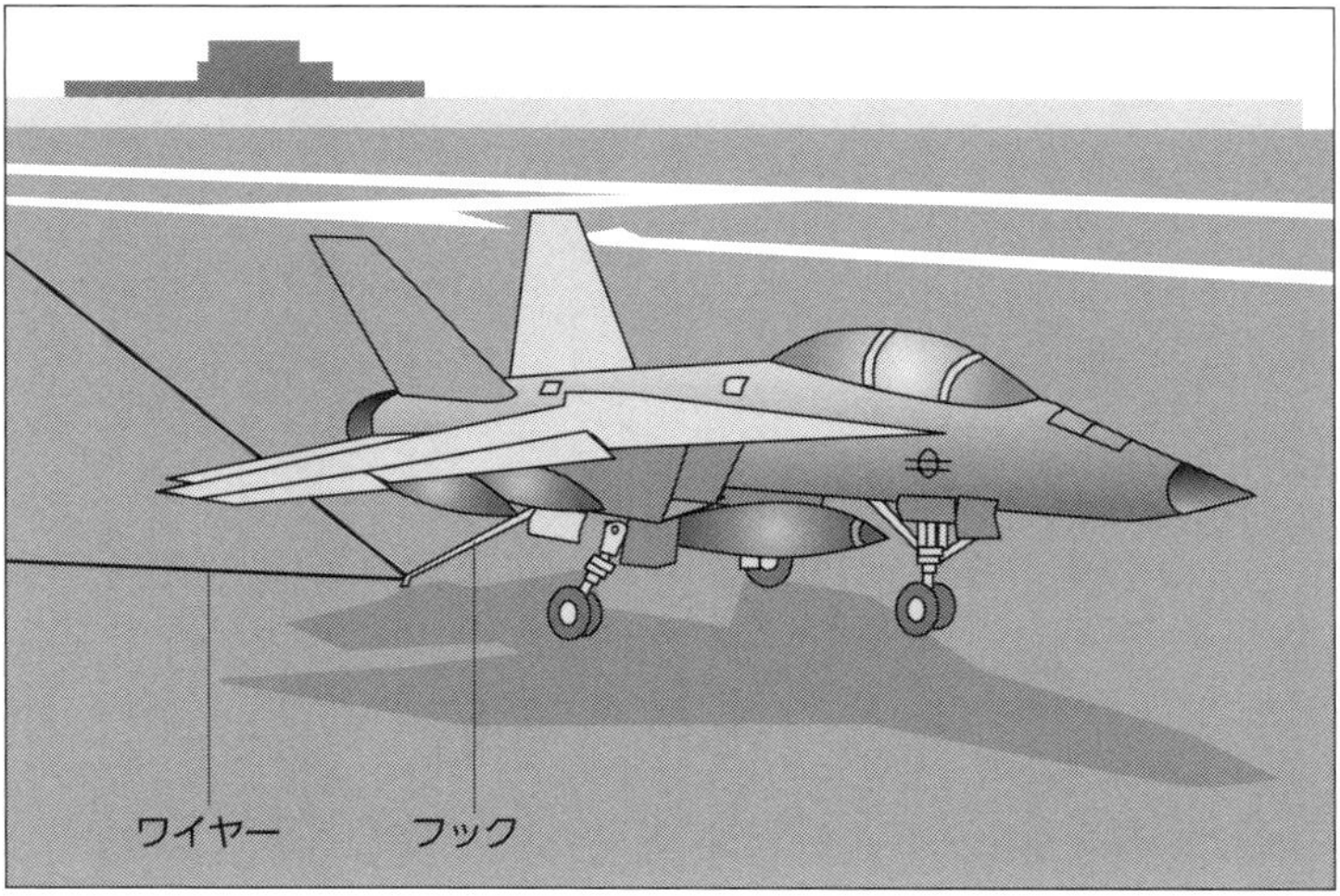

機体の後方に装備されたフックをワイヤーに引っかけて停止させる

停止させるのです。

バリアは滑走路の両端近くに設置されています。着陸時に使用するときは手前のバリア、離陸時は奥のバリアを使うことになります。

空母に発着艦する際にもアレスティングフックを使います。通常、航空自衛隊の戦闘機が使用する陸地の滑走路は約２７００メートルですが、空母の場合は長くても３３０メートル程度です。

この滑走路の長さでは、離陸をするための十分な加速ができません。よって、アレスティングフックをワイヤーに引っかけた状態でエンジン推力を最大限に上げ、エネルギーを溜《た》めてから、一気にフックとワイヤーを切り離します。弓道で例えると、戦闘機が矢で、ワイヤーが弦《つる》といったところです。そうすることで初速を上げることができ、短い滑走路でも離陸することが可能になります。

空母で運用する戦闘機は、このアレスティングフックを離発着時に常に活用しています。映画『トップガン』でも、フックを使って機体を停止させるシーンが多く登場します。

パイロットからすると、アレスティングフックを使った着陸も、ふだんの着陸も、大きく変わることはありません。フックを使用するときはただ、バリアの手前で接地することのみに注力し、あとは引っかかることを祈るだけです。うまく引っかからなかったら、パワーを最大出力にして離陸し、再度着陸をやり直します。

航空自衛隊の戦闘機を運用する基地の滑走路には、常に固定式バリアが設置されています。常時、戦闘機を運用している戦闘航空団が、24時間365日緊急発進（スクランブル）の体制をとっているためです。

戦闘機が多用する着陸法「スリーシックスティ」

旅客機の着陸で一般的な方法は「直線進入（ストレートイン）」と呼ばれるものです。これは滑走路の10キロメートル以上手前から、まっすぐに滑走路に進入するという方法です。

戦闘機も直線進入による着陸を行ないますが、戦闘機にとってネックになるのは「直線侵入は時間がかかる」ということ。戦闘機に求められるのは速さです。より速く目的地、目標物に到達し、任務を遂行し、帰ってくる。帰ったら次の任務に備えてすばやく準備を整える。だからこそ、可能な限り早く着陸したいのです。

早く着陸をする方法の1つに「スリーシックスティ」があります。滑走路の上空でぐるりと360度旋回して降りるので、この名で呼ばれます。別名「オーバーヘッドアプローチ」ともいいます。

「直線進入」と「スリーシックスティ」

直線進入（ストレートイン）

管制官の指示で、順番に列をつくって着陸

スリーシックスティ

①

滑走路の直上にハイスピードで進入

②

ハイ G をかけながら急旋回
（ブレイク）を行ない減速

③

着陸するためのギア（車輪）や
フラップ（高揚力装置）を展開し、
旋回しながら最終進入

①～③のように 360 度旋回して
着陸するのがスリーシックスティ

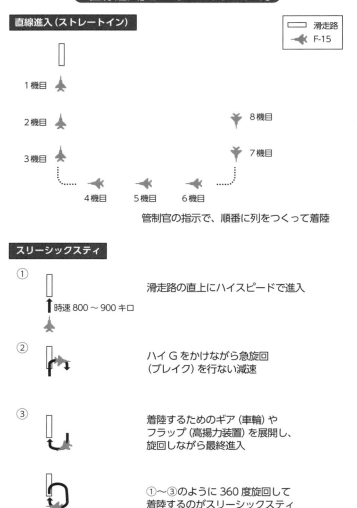

スリーシックスティで着陸する戦闘機は、滑走路の真上にハイスピードで進入します。時速でいうと800〜900キロメートル。直線進入は、時速300〜400キロ程度で長い列をつくりながら着陸しますが、スリーシックスティは、まずはハイスピードで進入します。

そして、進入しながら離発着機を目やレーダーを活用して把握し、その隙間《すきま》で着陸できるよう管制官と連携します。

進入後は着陸準備です。ハイGをかけながら急旋回（ブレイク）を行ない、減速します。着陸するためのギア（車輪）やフラップ（高揚力装置）を展開し、最後は旋回しながら速度や進入角度などをコントロールして着陸します。

戦闘機ではもっともポピュラーな着陸方法で、訓練でも最初に習得します。

スリーシックスティによる着陸態勢に入ったF-15

飛行時間を大幅に延ばす空中給油

F－15の場合、燃料タンクを満タンにして飛べる時間は、数時間と有限です。それゆえに、パイロットは常に残燃料を意識しています。

任務によっては、長時間を飛び続けなければならない場合もあります。そのときは、空中給油を行ないます。

たとえば、アラスカでの米軍合同演習（レッド・フラッグ・アラスカ）に自衛隊機が参加する場合、航空自衛隊の基地からアラスカまでは長時間のフライトとなるので、「タンカー」と呼ばれる空中給油機の同行が必須です。空飛ぶガソリンスタンドです。

タンカーの登場により、長時間のフライトが可能になり、移動距離、任務内容の拡大を図ることができるようになりました。ただし、その一方で、パイロットの肉体的負担もまた、大きくなったことは間違いありません。

通常、給油といえば、自動車のように「燃料タンクが空《から》になる前に給油する」というイメージを持つでしょうが、戦闘機の場合は違います。「給油できるときに、たっぷり」です。

飛行中はいつ、どこで何が起こるかわかりません。そして、その「何か」は緊急度が高い事象

ブームを伸ばし、空中給油を行なうタンカー(左上の機)

給油機側から見た給油の様子。所要時間は5分ほどで済む

であることが予想されます。そんな事態になったとき、空中給油ができる保証はありません。そのため、空中給油ができるタイミングで、たっぷり（満タン）入れる、ということが基本的な考え方になります。

アラスカへ飛ぶ場合、航空自衛隊の基地からアラスカ州の基地まで5〜6機の戦闘機が太平洋を渡洋していきます。この長時間の道のりにタンカーが同行します。

そもそも、空中給油なしでは旅客機のように長時間飛行する能力を持たない戦闘機にとって、いちばん怖いのは何らかの理由で空中給油ができなくなることです。離陸直後であったり、目的地の周辺であれば、心配する必要はありませんが、最悪なのは中間地点付近でのトラブル。出発地へ引き返すにしても、目的地へそのまま進むにしても、かなりの燃料が必要です。

ですから、アラスカへ向かう太平洋上空では、タンカーを中心に戦闘機が編隊を組んで、順繰りに給油を行ないながら飛行していきます。「燃料が減ったら給油」ではなく、「常に満タンに近い」状態を維持するイメージです。そうすることで、万が一、太平洋のど真ん中で給油できなくなったとしても、ある程度の飛行時間を確保することができます。

これは、移動するときに限らず、戦闘中においても同様のことがいえます。いつ、どこで、何が起こるかわからない。だからこそ、「給油はできるときに、たっぷりと」なのです。

2 現代の空中戦、何が勝敗を分けるか

戦闘機とともに「戦い方」も進化している

航空自衛隊の戦闘機パイロットになる、ということは、ただ飛行するための技術を身につけるだけでなく、万一の際の戦闘のための技術も身につけなければならないということです。そのために日々、模擬《もぎ》戦闘などの訓練を行ないながら、戦闘技術を磨いています。

F-15戦闘機は、登場から40年以上にわたって改修をくり返しながら進化していると前述しましたが、私が乗り始めた当時と今とでは、戦闘機そのものも違えば、戦闘の発想もまるで違っています。

わかりやすくいえば、昔は「相手を攻撃するため、あるいは攻撃してくる相手、害を及ぼそうとする相手を撃退するために、人が乗るもの」――それが戦闘機でした。あくまで人が目で見て、耳で聞いて得た情報をもとに、自分のテリトリー、たとえば視力のよい人が自分を中心とした半径10キロメートル程度の領域を把握できるとしたら、そのなかでより攻撃力あるいは防御力を持つようにつくられたのが、当時の戦闘機です。

ところが今では、人が〝乗る〟というより〝扱う〟ものになっています。重要なのは、目に見える領域ではなく、その向こうの「目に見えない領域」です。たとえば、ミサイルにしても、かつては射程距離が10キロ程度だったものが、技術の進化によって、今ではゆうに100キロを超えています。どう頑張っても肉眼では見えません。

「飛行機乗りは視力がいい」というイメージを持つ人は多いでしょうが、それでも100キロ先を目視《もくし》するのは無理な芸当です。仮に見えたとしても、点のように見える相手の意図がわからなければ意味がありません。10キロ以内であれば、左右に旋回したり、高度を上げたり下げたりするといった相手の行動が判別できますが、それがわからなければ、戦闘機パイロットにとって「見える」とはいわないのです。

目の届く範囲外、自分のテリトリーの外にいる敵を相手にするには、情報しかありません。衛星や地上、あるいは機体に搭載したレーダーから敵の情報をつかみ、その情報を共有する。今では、まるでオンラインゲームのように、自分がつかんだ情報を他の機と共有したり、地上からの情報を全機で共有したりすることができます。

たとえば、自分の機が相手機をロックオン（ミサイルの目標追尾《ついび》機能が目標をセットすること）すると、その情報は即座に味方の機に共有されます。それによって、編隊での戦い方はまったく違ったものになります。今の戦闘機は「コンピュータが飛んでいるようなもの」とよくいわれますが、そのコンピュータを操作するのがパイロット、というイメージです。

実際、私自身のキャリアのなかでも、戦い方は大きく変わりました。

初めてF-15に乗った頃は、目で見た情報、耳で聞いた情報（味方の機との交信）を頭のなかで理解し、「今、このフィールドで何が起こっているのか」を俯瞰《ふかん》でイメージして思い浮かべる必要がありました。

たとえば、敵機が5機いるなら、それぞれがどこにいて、どう飛んでくるのか、それを目で見て、味方の情報も確認しながら、全体の位置を把握していたわけです。当然、1つの聞き漏《も》らし、確認不足が命取りにつながります。

しかし今は、かつて想像で頭のなかに描《えが》いていたものが、目の前のディスプレイに映し出されます。「これはラクだな」と、切り替わりを体験したときには、素直にそう思いました。

ラクになったということは、より複雑な情報に対応できるようになったということでもあります。たとえば、上空で10機の敵と遭遇した、というときでも、以前であればすべて対応するのは難しかったのですが、今なら対応が可能です。つまり、操縦がしやすくなったということではなく、情報の漏れがなくなったというのが正しいでしょう。

一方で、心配なこともあります。機械の怖いところは、機能しなくなる可能性があるということです。万一の実戦の際には、機体に損傷を受けるかもしれません。機能も何らかの影響を受け、ディスプレイが映らなくなったり、音声だけのやりとりしかできなくなったりすることもあり得ます。

そんなとき、目と耳からの情報をもとにフィールド全体を俯瞰して頭に描くという戦い方が必要になります。だから、世代を問わず、時間をかけてつくり、培《つちか》ってきた戦い方は、確実に伝授し、受け継いでいかなければならないのです。できることを増やす。そして、できないことを減らす。これが強いパイロットを育てるうえで必要になるのです。

F-15は、こんな武器・弾薬を装備している

F-15戦闘機が搭載できる武器は、レーダーミサイル、ヒートミサイル、機関砲の3種です。レーダーミサイルは、レーダーを使って誘導するミサイルで、さらに「セミアクティブレーダーミサイル」と「アクティブレーダーミサイル」の2種類があります。

セミアクティブレーダーミサイルは、機上でパイロットがロックオンしてミサイルを発射すると、目標に着弾するまでレーダーの誘導で飛んでいきます。パイロットは、着弾するまでずっとレーダーでロックオンを続け、ミサイルを誘導しなければなりません。ロックオンが外れてしまうと、ミサイルは目標を見失います。

このセミアクティブレーダーミサイルによって、目に見えない遠くの目標も攻撃できるわけですが、リスクもあります。レーダーは基本的に前方に向いているので、正面方向にある目標

戦闘機に搭載されるミサイルの基本構成

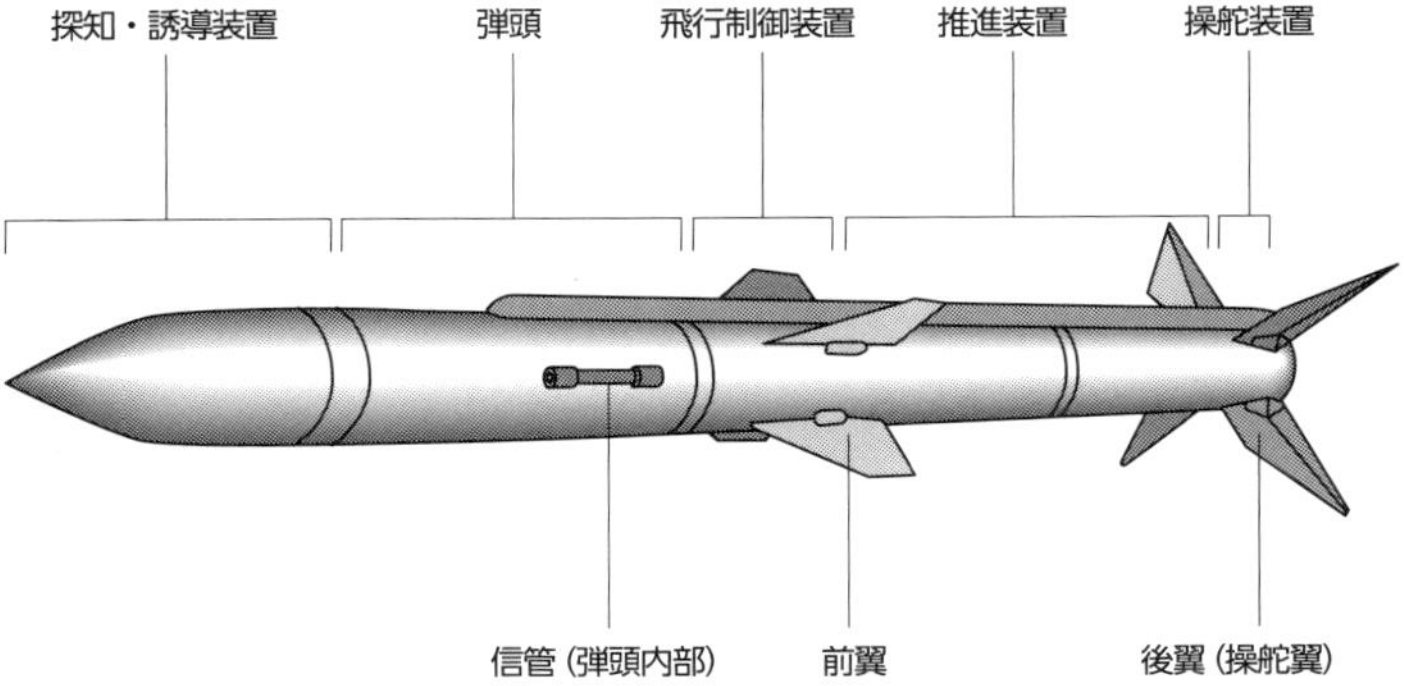

しかロックオンできません。ロックオンし続けるということは、必然的に正面に向かっていく、つまり、敵に接近していくということでもあります。

最初はこちらに気づいていなかった相手も、気づいてこちらに向かってくるかもしれません。機関砲やミサイルで攻撃してくる恐れもあります。こちらも攻撃される可能性が大きいということです。

そこで、開発されたのがアクティブレーダーミサイルです。発射する際は、セミアクティブと同じように機上でパイロットがロックオンして、発射します。発射すると、今度はミサイル自体に搭載されたレーダーが目標を追尾します。

ここから先は、機体のレーダー情報がなくても飛んでいくので、パイロットは目標に近づくことなく離脱することができます。相手の攻撃圏内から脱出することができるわけです。

ヒートミサイルは、目標物のエンジンなどから放射される熱（赤外線）を感知して飛んでいくミサイルです。機上でパイロットが目標を捉えてミサイルを発射します。発射されたミサイルは、熱源を捉えて目標物に向かって飛んでいきます。

そして、機関砲。これは、零戦《ゼロ》の時代から変わっていません。射程距離が短く、至近距離で使用します。

機関砲を使用するシチュエーションは明確ですが、レーダーとヒート、2種のミサイルはどう使い分けるのかというと、これは射程距離によります。

50キロメートルを超える遠くの目標に対してはレーダーミサイルを使用し、熱源を感知できる目視範囲の距離であればヒートミサイルを使用するといった具合です。

現代の空中戦は、敵機を視認する前に勝負が決まる

戦闘機同士が、空中の近距離で展開する格闘戦を「ドッグファイト」と呼びます。今では、戦争映画で見るような、敵対する戦闘機が絡み合うようなドッグファイトは、なかなか起きないでしょう。レーダーやミサイル技術の発達で、より遠方での戦闘になったからです。

ゆえに、現在の戦闘では、目視範囲内に敵機を確認した時点で、すでにエマージェンシーで

す。もしドッグファイトになったとしたら、かなり緊急度の高い事態といえます。

それでも、かつてはドッグファイトを主流としていた時代がありました。1対1、状況によっては2対2になる場合もあります。敵味方合わせて4機が、3次元空間で入り乱れることもあります。

私がアグレッサー部隊に転属したのは今から15年ほど前ですが、その頃はまだドッグファイトの訓練を高頻度で行なっていました。腕の立つパイロットたちのドッグファイト。それは想像以上のもので、それを目《ま》の当たりにしたとき、「これが本物か」と実感すると同時に、自分がその境地に到達するまでの道のりは長いなと思ったものです。

視界にいない敵と戦うための情報収集テクニック

戦い方は変わっても、空中戦でもっとも大切な要素は今も昔も変わりません。それは、情報です。1対1でも、編隊対編隊でも、情報がすべてです。その情報を、どうやって得るか、その方法が違うだけです。

昔でいえば、自分で見た光景や耳で聞いた情報がすべてでした。まず「自分の目で見た情報」。敵機を目視したら、どの方向、どのくらいの距離なのかを把握します。把握したら、無線で味方と共有します。これが「耳から得る情報」です。1機だけでは見えない、もしくは見えていない領域があるため、こうした情報が非常に重要になります。

たとえば、機体の真下に敵機がいたら、コックピットから見ることはできません。戦闘機が必ず2機以上で飛ぶ理由の1つは、全方位を確認するためです。2機以上で互いに見えない部分を確認し合い、無線で共有します。それが、貴重な情報になります。

そしてもう1つは、「レーダーの情報」です。レーダーといっても、私が乗り始めた頃のF-15のレーダーは解像度が悪く、今ほど役に立ちませんでした。高性能な機器は当時もありましたが、戦闘機が飛行する環境は機械にはかなり過酷です。2万フィート（約6キロメートル）の上空では、地上の気温より約40度低くなります。激しい振動やハイGも当たり前です。そのような条件下で高度な性能を発揮できる精密機器を搭載することは容易ではなく、少しずつ進化してきました。

現代の空中戦は、前述したようにレーダーやミサイルの性能が上がり、射程距離が長くなっているため、ほとんど目視範囲外で戦うことになります。

とはいえ、向上したレーダーやミサイルの性能を最大限発揮させなければ、より遠方での戦闘は成り立ちません。目に見えない敵機と戦うためには、その状況（機数、隊形、高度、速度、進路）を正確に把握しなければなりません。

正確に状況を把握するには、他のシステムや他機の情報をコックピット内のパネル情報を目で、無線情報を耳で得る以外に方法はなく、情報がなければ戦いようがありません。

まさに、情報がすべてです。そして、その情報を最大限に活用するのが戦闘機パイロットの仕事なのです。

今もって「声」でしか伝えられない情報がある

今の空中戦が、昔と比べて進化している点は、情報の共有方法です。前述したとおり、昔はパイロットが目視範囲内の状況を目で見て、無線で得られる情報を耳で聞いて得た情報をもとに、頭のなかで状況の俯瞰図を描いていました。パイロットの能力がすべてだったのです。しかし、今は戦いに必要な情報が目の前のディスプレイに表示されるため、労せず直感的に状況を把握することができます。

地上のレーダーや早期警戒管制機の性能も上がっているので、パイロットはより詳細な情報をコックピット内で見て判断しながら機動することができます。航空自衛隊では、ＡＷＡＣＳ（エーワックス）と呼ばれる早期警戒管制機を運用しており、機体の特徴は、上部に円盤型の大型レーダーを搭載しているところです。「空飛ぶレーダー」をイメージしてください。

レーダー波は直進する性質があるため、地上レーダーからの発信では届く範囲が限られます。電力によるレーダー波の到達限界の他、地球の形状（球面）の影響を受け、低高度かつ遠方では物理的に地上レーダーに映らない領域が存在します。

そこで、レーダー波を上空から発信することで低高度かつ遠くまで届くようにしようというのが、このＡＷＡＣＳです。

地上のレーダー、またはＡＷＡＣＳには各種レーダーを操作し、判読する要撃管制官がおり、敵機の位置、方向、高度、速度などといった情報をタイムリーかつ正確にパイロットに伝えてくれます。各機に指示を出したり、地上にいる指揮官のオーダーをパイロットに伝えたりするのも、この要撃管制官です。戦闘をコントロー

早期警戒管制機E-767。優れた飛行性能と警戒監視能力を持つ

ルする重要な役割を担《にな》っています。

パイロット側から要撃管制官に情報を要求することもあります。その情報をもとに、味方機がどの敵機をターゲットにしようとしているのかなどの動きを把握して、編隊としての戦術を組み立てていくわけです。

かつては、地上の要撃管制官が持っている情報は、声でパイロットに伝えるしか方法がありませんでしたが、今はリンクシステムを介して共有することができます。地上のレーダーで見えている情報をスマートフォンで画像共有するような手軽さで見ることができ、必要な情報がひと目でわかります。

一方、今も昔も声でしか伝えられない情報もあります。指揮官のオーダーです。

現場で戦闘しているのはパイロットですから、局地的な戦況はパイロットがもっともよく把握できています。したがって、現場での戦術判断については、パイロットが状況に合わせて対応し、指揮官が細かく指示することはありません。

サッカーで例えると、監督は全体の戦略や方針を決めて、すべてのプレイヤーに浸透させますが、試合中に1人ひとりのプレイヤーがそのときどきでどう動くか、全員にいちいち指示するわけではありません。それと同じです。

ただ、現場のパイロットには見えない、もっと大局的な戦況については指揮官が判断して、パイロットに伝えます。その際、もっともすばやいコミュニケーションが、音声による指示になります。

自機に急迫するミサイルを回避する方法

相手の攻撃を回避することも、戦闘機パイロットにとって重要な技術です。

ミサイルを回避するもっとも有効な方法は、そもそも相手に近づかないこと、相手のミサイルの射程距離内に入らないことです。当然ですが、ミサイルは戦闘機よりも速いので、射程距離内でロックオンされてミサイルを発射されたら、回避機動や回避装置が機能しない限り、逃げ切ることはできません。

訓練の場合は、敵機（と想定した自衛隊機）の射程距離はわかっているのでそれに従います。しかし、もしも実際に他国の戦闘機と相対する場面があるとしたら、そもそもミサイルの射程距離がわからないのでは、と思うことでしょう。

これは〝研究〟によって知るしかありません。公開されている情報や収集した情報から、「おそらく、このミサイルの射程距離はこのくらいだろう」と推測して判断基準を作成します。いわゆる「安全確保基準」です。

では、実際にミサイル攻撃の危機に直面したら、どう対処するのか。これも戦闘機パイロットは技術として習得しておく必要があります。

F-15に搭載される武器には、レーダーミサイルやヒートミサイルがあると前述しました。ミサイルを目標に到達させるためには方法があります。その方法の邪魔をすることができれば、攻撃を回避することが可能です。「ジャミング」と呼ばれる、レーダー波に対するあらゆる妨害を行なうことは、その邪魔を行なう術《すべ》の1つです。

また、敵が発射したレーダーミサイルが命中しないように、〝分身〟をつくって逃《のが》れるという方法があります。レーダー波の金属に当たって反射するという性質を利用し、機体から金属片をばらまくことで、そちらにミサイルを誘導するのです。かつてはアルミ箔《はく》を使用していましたが、今はガラスファイバーにアルミを蒸着《じょうちゃく》させた「チャフ」と呼ばれる物体を使用します。

ヒートミサイルに対しては、「フレア」という〝おとり〟を使用します。ヒートミサイルは熱源を探知して追尾してくるので、戦闘機からばらまいたフレアを熱源と誤認させ、そちらにミサイルを誘導します。

フレアは、マグネシウムなどをベースにした花火のようなもので、戦闘機の噴射口と同じ2000度程度の熱を発します。ヒートミサイルを撃たれた瞬間、フレアを放出して、同時にエンジンの出力を下げます。

すると、ヒートミサイルはフレアのほうの熱を感知して、そちらを目指して飛んでいきます。映画『トップガン マーヴェリック』でも、フレアでミサイルをかわすシーンがありました。

機関砲は、レーダーミサイルやヒートミサイルのように追尾してこないので、「撃たれた！」とわかった場合は、急旋回をするなどして回避するしかありません。ただし、旋回するときに機体を大きく傾けるため、角度によっては敵に向ける機体の面積が大きくなり、弾が当たりやすくなってしまいます。それを考慮して、弾が飛んでくる方向に対する機体の面積が最小になるようにしながら回避します。

通常、訓練では実弾を機体に搭載して撃ち合うことはしませんが、システム上のシミュレーションで解析できるようになっています。訓練後は録画したＶＴＲ解析を行ない、発射や回避機動が適切であったか細かく分析することで、日々、能力の向上に努めています。

着陸前に必ず行なう「ＢＤチェック」の意味

戦闘機の場合、帰投着陸する前に上空で行なうべきことがあります。バトルダメージチェック、パイロットは「ＢＤチェック」と呼んでいます。

戦闘機が飛ぶということは、戦闘することが前提です。よって、任務終了後は機体が何らかの損傷を負っていることも考えられます。任務を終えて帰投する際には、翼に被弾しているかもしれないし、燃料タンクから燃料が漏《も》れているかもしれません。戦闘では、離陸したときと同じ状態で帰ってこられる保証は何もないのです。

そこで、任務を終えたら味方機同士で、機体に損傷がないかどうか、バトルダメージチェックを行ないます。

コックピットから自機のチェックをするには限界があります。とくに機体の外観はコックピットからは見えない部分があります。そこで、味方の機同士が近づいて機体の上下左右を目視で確認するのです。何も損傷がなければ、手で「ＯＫ」のサインを送り、交代して互いにチェックします。全機ＢＤチェックＯＫであれば、一気に速度を上げて帰投します。

帰投する前にＢＤチェックを行なう理由は、もし損傷があれば、着陸に支障が出るかもしれないためです。燃料が漏れていたら、基地に戻るまで燃料がもたなくなる恐れが出てきますし、翼の一部が破損していたら、着陸のために低速で飛行した際、急激に失速してしまう可能性があります。

そのような事態が想定されるときは、状況に合わせて帰投・着陸方法を選択しなければなりません。そのため、訓練においても、飛ぶときは必ずＢＤチェックを行なうのです。

ＢＤチェックは目視をもって互いの機体をチェックするので、翼同士が１～２メートルの距離まで接近します。そこまで近づけば、ハンドシグナルのOKサインはもちろん、パイロットの表情や口の動きも確認できます。

映画『トップガン』でも戦闘機同士が数メートルまで接近するシーンがありますが、あのシーンは誇張《こちょう》ではありません。近距離の編隊飛行で雲中を編隊で飛ぶときなどは、互いを見失わないように、翼と翼が重なりそうな距離まで接近することもあります。

これができなければ、戦闘機としていざというときの対処ができないので、パイロットにとって必要かつ基本といえる技術です。

無人機の進化で、戦闘機パイロットは不要になるか

これからさらにテクノロジーが進化すると、ドローンのような無人機が多用されるようになり、戦闘機パイロットが活躍する機会がなくなるのではないかといわれています。

私は、それはよいことだと考えています。自分が乗っているときから「いつまで人が乗るのだろう」とは思っていました。

人間ができることには限界があります。たとえば、24時間眠らずにフライトし続けることができるか、といえばそれは無理でしょう。しかし、無人機であれば、電力がもつ限り飛び続け

ることができます。もしも24時間、日本の防空ラインに留《とど》まって警戒することができれば、これは領空侵犯《りょうくうしんぱん》の有効な抑止力になるはずです。人間がいくら鍛えても限界があるとして、それを機械が補《おぎな》えるとしたら、もっと役立てていくべきだと思います。

実際に、任務を行なってきた人間からすると、これからそういう時代が来てもおかしくないと思います。飛ぶのは無人機、それを地上でパイロットがコントロールする、これからそんな時代になっていくことでしょう。

ただ、完全に「機械が人間にとって代わるか」というと、そうではないと思います。いざというときの抑止力として働かせるために、人間がそれまで行なっていたことの一部を機械が担う、ということではあるけれども、最終的に判断するのは人間です。そういう意味では、実行するのは無人機だとしても、人間がやっているのと同じだといえます。

機械と人間に違いがあるとしたら、感情です。人間には感情があります。つらい、悲しい、そう感じてしまうのが人間です。もしもＡＩが戦闘に導入されることになれば、決まったことを決まったとおりに実行するだけです。ある一定ラインの活動においては、それは役に立つと思います。

一方、これは合同演習の際にアメリカの兵士から聞いた話ですが、現実に今、米軍では無人機による攻撃を行なっています。目の前の映像には目標物が映っている、自分は別の国のどこかで映像を見ている、目標物には人間がいるかもしれない、でもオーダーがあり時間が迫《せま》っている、攻撃せざるを得ない。それをくり返していると、もう何が正しいことなのかわからなくなり、心がつらくなってくるばかりだといっていました。

無人機による攻撃には、戦闘機に乗ることとは違った意味での能力や倫理観が必要になると思います。戦闘機に乗っていたパイロットが無人機を操縦する席に座って、任務が遂行《すいこう》できるかというと、きっとそうではないのでしょう。

実戦経験のない自衛隊、「有事」とどう向き合うか

自衛隊は、発足以来、実戦に参加したことはありません。それでも、いざというときには、国民の命と国有財産を守ることを使命として任務にあたります。

戦闘機パイロットも、模擬戦闘で戦うための技術を身につけますが、それもあくまで擬似《ぎじ》的な体験であり、実戦とは異なります。

たとえば、日常のなかで私たちの生活を守ってくれる警察官は拳銃を携帯していますが、もしも、何らかの危機的状況で、警察官が私たちを守ってくれようとした場合、訓練のみでしか拳銃を撃ったことのない人間が100パーセント頼りになるかといえば、疑問を感じるという

人もいるでしょう。

戦闘機パイロットも同じです。いざというときに、国土を防衛することができるのか、という疑問はつきものです。

実際に戦闘機に乗る人間にとっても、この疑問に対しては「わからない」「やれることをやる」としか答えることができません。実際に経験したことがないのですから、そうとしかいえないのです。

それならば、どうするか。実際に戦闘の経験がある人、リアルな実戦をその目で見てきた人たちの話を聞く。そして、一緒に訓練をするしか方法はありません。そのなかで「実際はこうじゃない。こうなんだ」と指導を受け、経験値を高める。そうやって少しずつ自分のものにしていくしかありません。

そういう意味でも、毎年行なわれる、アラスカでの米軍合同演習（レッド・フラッグ・アラスカ）への参加は、大変貴重な機会です。

ある統計によれば、紛争であれ内戦であれ、参戦する兵士の生存率は、初めての参戦でもっとも低く、その後、経験を重ねるほど上がっていくことがわかっています。合同演習への参加は、自衛隊員自身の生存率を高めるためにも有意義なことであり、それが国民の命、国有財産を守ることに直結することになります。

他国との合同訓練で得られるものは多い

米軍合同演習（レッド・フラッグ・アラスカ）は、日本国内で行なう演習とは、圧倒的に規模が違います。

参加国はアメリカ、日本の他、ドイツ、カナダ、スウェーデン、イギリス、ニュージーランド、オーストラリア、シンガポールなど。アイルソンとエルメンドルフ、2つの基地に計100機近い軍用機が集結します。

アラスカという、日本全土がすっぽり入るくらい広大なエリアに、これだけの数の軍用機が集まることで、より実戦に近い大規模な演習が可能になります。国内では同時に5機対5機、どんなに多くても10機対10機を超える訓練を行なうことはなかなかありません。アラスカでは、その数倍規模での模擬戦闘を行なうことが可能です。

演習は、実戦を経験しているアメリカ軍のブリーフィングを受けて臨みます。話の内容、戦闘の様相は、ディテールまでもリアルです。

その規模には、到着したときから圧倒されます。オリエンテーションも人数が多すぎるため、1つの会場ではとても全員は収まりません。そのため、いくつかの会場をＶＴＣ（ビデオ電話会議）でつないで行ないます。この感覚はなかなか日本では味わえないので、それだけで気持ちが引き締まります。

実戦を経験している国と経験していない国の違いは、さまざまなところで感じることができます。

たとえば、秘密情報の取り扱い。日本と比較して、アメリカは非常に厳しいです。会場を出入りする人間に対しては徹底して身体チェックを行ないます。特定の資格を有する人間しか入れないエリアでも、司令官であれ誰であれ、厳しい身体チェックをパスして初めて内部に入ることができます。

もしも、何らかの不正が発覚したら、即刻、強制帰国です。軍事機密は論外ですが、軍にとって大事な情報、たとえば作戦の内容などが少しでも外部に漏れるということが何を意味しているのか、その重大さを各自が徹底して認識しています。

日本では戦後、実戦に参加してこなかったことで、そうした厳しさを避けてきたところがあると思います。もちろん情報の大切さは十分に理解しているものの、実際の情報管理の厳重さは、やはりアメリカには及ばないということがよくわかります。

隊員が基地の外で食事をしたりお酒を飲んだりするときも、戦術について細かく話すようなことは絶対にないということは国を問わず共通していますが、日本では基地内のことが話題に出ることもあります。

しかし米軍では、日本では問題にならないようなことも、「どこで誰が聞いているかわからないから、些細《ささい》なことでも絶対にしゃべるな」という感覚です。

このように、他国との合同訓練は得るものがたくさんあります。とくに緊張度の高い日常を送ってきている人たちは、顔つきからして明らかに違います。

演習中は、他国の兵士たちと交流したり、飲みに行ったりということもよくあります。アメリカ、イタリア、韓国、シンガポール……国籍は違っても同じチームになれば、演習中、共に過ごす時間も多くなります。そうなるとどうしても、「今日終わったら、飲みに行こうぜ」となるわけです。お酒文化というものは、世界中ど

参加国のメンバーを交えての集合写真

こに行っても同じようなものです。

いろいろな国の軍人たちを見ていると、各国のお国柄のようなものも垣間《かいま》見えてきます。アメリカ人は、本当にフランクでフレンドリー。たとえば、待合所で日本人が数人で座って待機しているところに、「ヘイ！」と親しみを込めて声をかけてきます。

待機しているときでも、アメリカ人はコカコーラ片手にポップコーンか何かをつまみながらリラックスしていますが、そこに組織のトップが入ってくると、それまでのリラックスが嘘のように、直立不動の姿勢になります。上官の号令に対しても同様です。

それに対して、陰で不満をいうこともないですし、「軍隊というのはそういうものだ」と当たり前のように思っているのがわかります。だからこそ、しっかりとした統制がとれているのだと思います。

アラスカでは、国ごとに待機所が設置されます。日本の待機所はいつも静かで、フライトがないあいだは書類の整理をしたり、次のフライトの準備をしたりという具合です。一方、アメリカやイタリアの待機所に行くと、いつも陽気な雰囲気で、音楽がガンガンに流れていたりします。

イタリア人たちが、アラスカに到着して、まず行なったこと。それは、エスプレッソマシンを設置することでした。兵士や戦闘機が来る前に、最初に整備員が先乗りして受け入れ態勢を整えるのですが、大型機から機材や物資を次々と下ろしながら、エスプレッソマシンを設置します。

とにかくこれがないと始まらない、まずはコーヒーを淹《い》れる、それがイタリア流ということでしょう。その場にたまたまいた私にも、当然のように振る舞ってくれました。

その様子を見ていて、おそらく彼らは、実戦でもきっとエスプレッソマシンの設置から始めるのだろうと思いました。まずは衣食住、日常の環境を整えることから始まるリアルな戦闘。でも、日本人はそうはなりません。それが日本人のスタイルです。良くも悪くも実戦という場から離れた国の現状と捉えることもできると思います。

まずは、身だしなみを気にしてしまう。外面を気にしてしまう。他の国の隊員からすると、「そんなこと気にしなくていい。やるときだけはやろうぜ」ということなのだろうと思います。

アラスカでは、こんなちょっとしたところにも、けっして小さくはない違いを感じることがありました。

パイロットは戦闘機映画をどう観ている？

映画で見る戦闘機のシーンはどのくらいリアルなのか、一般の方からしたら興味があるかもしれません。

パイロットの立場からすれば、あまり期待して観ていないというのが正直な感想です。「これは、あり得ないだろう」というシーンも当然あります。そこは映画ですから、いちいち気にしていたら楽しめるものも楽しめません。

とはいえ、『トップガン』は米海軍が全面協力しているので、ほぼ実写です。映画に登場した飛び方も、実際に可能です。「実際にはこんなことはやらない」というところもありますが、初めて観たときは完全に見《み》入《い》って興奮したのは間違いありません。

教官としての立場から見ると、考え方やアプローチの仕方、教育やリフレッシュの方法などは、「なるほどな」と思いました。たとえば『トップガン』『トップガン マーヴェリック』でいえば、ビーチバレーやアメフトで遊ぶシーンがあります。

あのようなレクリエーションは、戦闘機パイロットの世界ではとても重要なのです。気持ちのリフレッシュになるのはもちろん、そこで互いの人間性が垣間見え、それを知ることでチームワークがさらに強化されることもあるからです。

人間、フライト時には人が変わったようになるものです。逆にいえば、飛んでいるときだけを見ていても、本当の人間性はわかりません。なぜなら、皆「飛ぶための自分をつくり上げる」からです。飛ぶときは、精神を集中させてつくり上げた自分になって飛びます。

実際、パイロット同士として、ある意味世間から切り離された環境で、常に顔をつき合わせていると、かえって素《す》の人間性がわからなくなるときがあります。

そんなときに、スポーツなどで心がパッと解放された瞬間、ふだんは見えない素が見えたりする。これはきわめて大事なことです。教える側に立ち、あのシーンを改めて見たときには、思わず深くうなずいたものです。

F-15と零戦が対戦したら……

もし、F-15と零戦がドッグファイトを行なったら、どのような結末になるのか。ふと、そんなことを考えてみたことがあります。

もちろん飛んでいた時代が異なるわけですから、アドバンテージはF-15のほうにあることは間違いありません。

では、零戦にはまったく勝機がないのか、といえば、そうともいえないのです。

高度でいえば、零戦は2万フィート程度までしか上がれません。一方、F-15は5万フィートまで上がることができます。F-15が圧倒的に有利です。

速度もF-15のほうが速く飛ぶことができますが、スピードが速いほうが有利かというと、そうではありません。

まず、F-15が零戦のような速度（最大速度時速約500キロ）で飛ぼうとしたら失速してしまいます。

また、速度が速いということは、旋回半径が大きくなるということでもあります。自動車でも速度が速くなるほどUターンは難しくなるはずです。

戦闘機も同じで、F-15は旋回半径が大きくなります。逆にいえば、零戦のほうが小回りがきく、ということです。

つまり、高高度を使わず、零戦が飛べる高度で戦う、武器は機関砲のみ、などと条件をつけたうえであれば、零戦にも十分に勝機はあると思います。

3 上空で待ち受ける緊迫との向き合い方

戦闘機は「減速」よりも「加速」が難しい

「戦闘機を加速するには、出力を上げればよいだけだから簡単でしょう。でも、減速するのはブレーキがないから難しいのでは？」と質問を受けたことがあります。

たしかに、自動車であれば、ブレーキをかければタイヤの摩擦の力で止まることができます。それでも、仮に時速100キロメートルの高速から急ブレーキをかけたら、かなりの制動距離が必要になるでしょうし、車体が重いほど慣性《かんせい》の力が働いて、止まりにくくなります。

飛行機の場合、摩擦力が利かないので急制動は難しいのでは？　と思われがちです。しかし、制動に関して自動車と飛行機の大きな違いは、飛行機は3次元空間を飛ぶということです。

飛行機は、3次元空間を有効に使って空気抵抗を利用することで減速します。スリーシックスティの項（45ページ参照）でも触《ふ》れましたが、急旋回して機体いっぱいに空気抵抗を受けることで減速が可能になるのです。

また、自動車のブレーキとは原理が異なりますが、戦闘機にもブレーキ機能が付いています。F-15でいえば、機体上面に羽のようなプレートがあり、これを立てることで空気抵抗を利用して減速します。「スピードブレーキ」と呼ばれる、戦闘機ならではの装置です。わずか3平方メートルほどの大きさですが、効果は大きく、急降下するのではないかと思うくらい一気に減速します。

このように、旋回、上昇、あるいはスピードブレーキを作動させるなど、さまざまな方法があるので、たとえば時速600キロから300キロへ、というような大幅な減速も容易です。反対に300キロから600キロへ加速するほうが、時間を要します。十分に減速した状態から、エンジンパワーのみで加速していくことは、減速に比べて時間がかかるのです。

失速状態に陥ったときのリカバリー術

飛行機にとって、絶対に避けたい事態は失速です。飛行機はスピードを上げることで揚力《ようりょく》を得ているので、速度がゼロになってしまうと、コントロールがきかなくなってしまいます。ただの木の葉のようなものです。この領域に入るのがもっとも危険で、そうなるとパイロットがとれる手段は多くありません。

もしもそのような状態になった場合、リカバリーするにはどうしたらよいのでしょうか。F-15に関していえば「ハンズオフ」、パイロットは何もしないことです。パイロットが操縦操作を行なわなければ、飛行機は自然と体勢を持ち直します。

失速して墜落するように見えたとしても、どこかで勝手に体勢を立て直して安定します。それが、正しいリカバリー方法です。

では、どこまで失速すると、コントロール不能の領域に入るのか。これは、感覚で見極めるしかありません。そろそろまずいな、というレベルになると、振動が激しくなったり、操縦桿《かん》の入力に対する機体の反応が鈍《にぶ》くなってきたりします。

失速からのリカバリーは飛行訓練で必ず行なうため、戦闘機パイロットなら、誰もが経験しています。高高度まで飛んでいき、そこで失速させます。機体はコントロールを失いますが、どんな動きをするかは予測がつきません。そのときの燃料の量や、搭載している外装物によっても変わってきます。

私も、最初にこの訓練を行なったときは恐怖を感じました。しかし、理論のみで知っているのと、経験として体感しているのとでは、まったく違います。たしかに動きは予測不能ですが、訓練を重ねることで落ち着いて対処できるようになります。

実際の戦闘の際に起こり得る失速の一例は、「ジェット後流《こうりゅう》」によるものです。2機の戦闘機が前後に接近した場合、前の機の排気ノズルから出るジェット後流を、後ろの機のエンジンが吸気《きゅうき》してしまうことがあります。

このジェット後流は高温高圧で酸素濃度も低いため、後ろを飛ぶ機のエンジンの出力低下につながる場合があります。映画『トップガン』でも、このジェット後流による事故が描《えが》かれていました。

こうした不測の事態で、片方または両方のエンジンが止まってしまった、かつ、電気系統が機能しなくなってしまった、という状態になると、コントロール不能です。こうなってしまうと、パイロットとしてはもうどうしようもありません。生き残る方法としては、ベイルアウト（緊急脱出）しかなくなります。

ベイルアウトの手順と機器のしくみ

戦闘機には必ず、ベイルアウトするためのイジェクションハンドルが付いています。F－15の場合はシートに付いていて、これを引くと、パイロットは座席ごと射出《しやしゆつ》されます。

イジェクションハンドルを引くと、まずキャノピー（風防）が火力によって吹っ飛びます。その後、パイロットが座席ごと垂直に射出されます。すると自動的にパラシュートが開き、座席が切り離されます。

着水（または着地）したあとは、同時に展開されるサバイバルキットをたぐり寄せます。キットの中身は無線機やサバイバルナイフなどです。

ベイルアウトで気をつけなければならないのは、何よりも姿勢です。イジェクションハンドルを引いた瞬間、射出される力は強力です。13〜15Gの強いGがかかります。まっすぐ前を向き、首をしっかり保っていないと、射出した瞬間に首の骨が折れる恐れがあります。また、下を向いていると、あごの骨が肋骨《ろっこつ》にぶつかって胸を骨折することもあります。

足も要注意です。コックピット内は狭く、目の前には計器盤があります。射出する際に計器盤にひざが当たると、着水したときには恐らく、ひざから下は無いでしょう。そのため、F－15では足にも常にベルトを付けています。

「レッグレストレイント」と呼ばれるこのベルトは、ふだんは足を自由に伸ばせるようにしてくれていますが、イジェクションハンドルを引くと同時に収縮して、両足を座席側にピタッと引きつけます。射出時に足が計器盤に当たらないようにするためです。

ベルトで締めるのは足だけではありません。F－15の座席に座ると、ラップベルトをギチギチに締めてシートと体を一体化させます。シートと体のあいだに隙間《すきま》があると、射出の瞬間、座席と体が強い力でぶつかることになるので、体に多大なるダメージを負う恐れがあります。

無事に射出したとしても、次の瞬間に襲ってくるのは風圧です。風圧は速度が高ければ高いほど強烈になります。仮にマッハ1の速度で飛行しながらベイルアウトしたら、一瞬にしてマッハ1の風圧に晒《さら》されることになります。人間が耐えられる風圧は、時速でいうと800キロメートル程度。それ以上になると、風圧で四肢《しし》がちぎれてしまうといわれています。

このように、イジェクションハンドルを引きさえすればもう大丈夫、というわけではないのです。射出した瞬間は生存していたとしても、猛烈な風圧に体がもたないかもしれません。

脱出を成功させるためには、いくつもの条件が重なる必要があります。飛行機の姿勢、状態、速度、いざ脱出するときには首や腰の姿勢、すべてがうまくいって初めて、ベイルアウトは成功します。

なお、失速～リカバリーの訓練は何度も行ないますが、ベイルアウトの訓練はほとんど行ないません。ただし、姿勢の保持といった基本的な要素は、陸上でくり返し訓練します。

ベイルアウト後のパラシュート降下も危険がいっぱい

ベイルアウトしたあとは、パラシュートで降下することになります。洋上でベイルアウトしたときは、どこに落ちても海なので選択の余地はないのですが、陸上だと「そこには絶対に落ちたくない」というところがあるわけです。

そのためには、パラシュートをコントロールする技術を習得しておかなければなりません。とくに風の強いときなどのコントロールはとても難しいものがあります。

戦闘機のパイロットになるとまず、パラシュートの訓練を行ないます。千葉県習志野市の第一空挺団《くうていだん》陸上自衛隊にはレンジャー部隊があり、そこでパラシュートのスペシャリストに約2週間かけてみっちりと教わります。訓練というより、入門といったほうがよいかもしれません。

パラシュートを使用した着地は少なからぬ衝撃があります。無防備に降りると、ひざや腰を痛めてしまうのです。基本は「五点接地」。足から接地して、ふくらはぎ、太もも、尻、背中と順番に倒していきます。こうした技術を、いざというときのために身につけます。

習志野にはパラシュート訓練用の降下塔があります。高さ80メートル、そこから降りるのはバンジージャンプと同じような感覚です。高さ80メートルからパラシュートで降下し、自分でコントロールしながら着地します。それが陸地で行なう訓練です。

洋上での訓練では、船を使います。パラセーリングの要領で高いところまで上がって、そこから着水の訓練を行ないます。

海で危険なのは、着水後にパラシュートが自分の上に落ちてくること。海面でパラシュートを被《かぶ》ってしまうと、抜け出せなくなり、溺死《できし》する危険があります。

着水するときに意識があれば、着水直前に自分でパラシュートを外します。体だけポチャンと落ちて、パラシュートは別のところに落ちるようにコントロールします。訓練では、着水後、ヘリで救助されるところまでをくり返し行ないます。

海に着水した場合は自動でゴムボートが展開される（写真は訓練中のもの）

着地・着水後にヘリで吊り上げられるための地上訓練

緊急脱出に成功しても、生還できるとは限らない

実際にベイルアウトするような事態が起こったとき、無事に脱出し、風圧にも耐えることができ、着地もしくは着水に成功したからといって、必ずしも生還できるわけではありません。

洋上に落ちた場合は、そもそも捜索が困難です。ベイルアウトした瞬間、飛行機からビーコン（信号）が発信されるようになっていますが、それでも広い海に浮いているパイロットを見つけるのは難しく、とくに夜であればなおさらです。発見されるまでずっと海に浮いていることになり、冬場で海水が冷たいと体温を奪われてしまうので、時間との闘いになります。

陸の上でベイルアウトを余儀なくされる場合は、まず機体をギリギリまでコントロールすることを考えます。民家に墜落したり、人命に影響が出たりすることのないよう、極力、陸に近い海に機体をコントロールし、そこでベイルアウトします。

ベイルアウトは緊急事態なので、頻繁《ひんぱん》に起きるわけではありません。私自身も経験したことはありませんが、ベイルアウトして生還した人も、残念ながら殉職した人も知っています。

生還した人は、ある意味「運がいい」といえるでしょう。過去には、2機で飛行中に1機がエンジン停止してしまったというケースがありました。回復操作を試みましたが効果はなく、

やむなくベイルアウト。このときは、もう1機が着水した地点を確認していたため、救助ヘリが最短距離で到達することができ、無事救出できました。

また、1999年には埼玉県入間《いるま》市でT−33というジェット練習機が墜落しました。入間基地への着陸寸前でエンジントラブルが発生。パイロットは基地までたどり着けないと判断し、周辺の民家への墜落を避けるために、ギリギリまで機体をコントロールして河川敷《かせんしき》までもっていきました。

そのため、2名のパイロットがベイルアウトしたのは、墜落の2秒前でした。両名とも残念ながら殉職されています。姿勢などさまざまな条件が整わないなかでのベイルアウトでした。

私も機に乗りこむときは、離着陸する基地の滑走路の向き、周辺の地理などを把握して、どの時点でエンジントラブルが起きたらどこに向かう、というように対処の仕方を必ず確認していました。

とくに2人で乗るときは、後席のみ脱出することもできるので、その話し合いもします。「もしも、トラブルが起きて命の危険を感じたら、後席は自分の判断で脱出してほしい。自分は最後まで周囲の安全などを確認してから判断する」というような確認です。

入間の事故では、民家の被害はありませんでした。ただ、送電線を切断したために停電を引き起こし、大きな批判に晒されました。しかし、残されたデータから無線のやりとりなどが明らかになると、批判の声も聞かれなくなりました。

1999年から2000年にかけて、自衛隊では5件の墜落事故があいついで発生しました。ちょうど私が航空自衛隊に入隊した頃です。以来、「航空自衛隊安全の日」が制定されました。毎年7月1日、この日のフライトは一切ありません。過去の事例を学んだり、現状をふまえて安全対策について討論したり、二度と事故が起こらないように努めています。

「事故は忘れた頃にまた起こる」とよくいわれますが、何よりも風化させないことが大切です。

片翼飛行になっても、墜落を恐れる必要はない

戦闘機は、主翼の他に水平尾翼と垂直尾翼が後方に付いています。メインの主翼の1つがポキリとちぎれてしまったら、もう落ちてしまうのではと思うかもしれませんが、F-15に関しては、設計上、片翼が取れても水平尾翼があれば飛べるようになっています。

どのような理屈なのか、私も詳しいところまではわかりませんが、事実、日本でも片翼の一部がなくなったことに気づかないまま飛行していたという事例があります。訓練の最後に、必ずBD（バトルダメージ）チェックを行なうことはすでに述べましたが、そのとき初めて「翼がない！」と気がついたそうです。

通常、ジェット戦闘機のコックピットは主翼よりもだいぶ前方にあるので、後ろを振り返らない限り、主翼は目に入りません。訓練の途中、警戒監視のため後方を確認することはありますが、飛行に異常を感じない限り、振り返って主翼を細かく確認するということは、ほとんどありません。ですから、BDチェックのときまでまったく気がつかなかったというのもあり得ることでしょう。飛行中は何の違和感もなかったということです。

F－15の優《すぐ》れた性能は、このようなところにもあるのです。

「空間識失調」はベテランパイロットにも起こり得る

空間識失調《くうかんしきしっちょう》は「バーティゴ」とも呼ばれ、一時的に平衡《へいこう》感覚を失った状態です。

ふつうに地面に立っているとき、平衡感覚を失うことはほとんどあり得ません。目の前の風景も見えているし、ちゃんと三半規管《さんはんきかん》が働いているからです。

しかし、人間の三半規管は、視覚がない状態では意外とあてにならないのです。急激にバランスを崩したりすれば認識できますが、ゆっくりと傾いていくと、認識できないといわれています。

飛行機で3次元空間を飛んでいて、雲のなかに入ったとしましょう。右も左も上も下も、視界は360度すべて真っ白です。このなかを計器も何もない状態でまっすぐに飛べる人間はまずいません。地面に足をつけていない状態で、視覚情報もなく、三半規管だけを頼りにGを感じながら平衡感覚を維持することは、はっきりいって無理なのです。

実際、上空にいると、ふとした瞬間に平衡感覚がわからなくなることがあります。それが空間識失調です。

自分はまっすぐ水平に飛んでいると思っているが、実際は大きく機体が傾いている。

自分は上昇しているつもりだが、実際は降下している。

北へ進んでいるつもりだが、実際は南へ進んでいる。

空間識失調はこのように、人間の感覚と実際のズレが生じることです。健康状態や年齢、経験値に関係なく起こります。上と下、右と左が逆になっているのに気づかない、非常に危険な状態です。時には事故にもつながります。

空間識失調に陥ったパイロットがすべきことは「計器を信じる」です。これ以外に方法はありません。

パイロットが自分の感覚のみを頼りにし、視覚情報が得られない雲中や夜間の飛行において一度、空間識失調になるともう、逆さまになっても気づきません。逆さまになったら、マイナスGがかかります。それならば気づくだろうと思うかもしれませんが、戦闘機の場合、まっすぐ飛んでいてもマイナスGがかかることはあります。

パイロットは当然、マイナスGを1Gに戻して〝正しい体勢〟を維持しようと、操縦桿《かん》を引いて〝上昇〟しようとします。しかし、すでに逆さまになっているので、この操作は上昇ではなく降下です。

空間識失調による事故を防ぐには、とにかく計器を信じること。それにはまず、空間識失調に陥っている可能性がある、ということをいち早く認識することが大切です。

空間識失調が怖いのは、「自分ではまったく気がつかない」ということです。意識もクリアだし、何の違和感もない、自分はいつもどおりまっすぐ飛んでいるつもり……でも、じつはまったくそうではない。それに気づいたときは、計器を信じて回復操作を行なうことです。

空間識失調は、珍しいことではありません。経験したことがないという戦闘機パイロットは、ベテランになるほどいないと思います。私が後席に乗って指導していたときも、前席で操縦していたパイロットが空間識失調に陥ったことがありました。

明らかに不自然な方向に旋回しようとするので「おい、大丈夫か！」と声をかけると、「え？何がですか？」と応答したあとにハッと気づき、「すいません。バーティゴでした！」とあわてていました。空間識失調はそんなふうに起こります。パイロットとして怖いのは、それを自分の感覚では認識できないこと。人間の三半規管ではわかり得ない領域があるのです。

極限の飛行では一時的に「失神」してしまうことも

私自身は、訓練飛行中に失神したことはありませんが、失神を経験した仲間はいます。ほとんどの場合はGロックですが、もう1つ、怖いのは低圧・低酸素症です。

戦闘機は高高度を飛ぶので、当然機体の外は低圧・低酸素です。パイロットはキャノピー1つで守られていますが、もしも外気と同じ環境に晒されたら、低酸素症に陥ってしまいます。実戦では、敵機の攻撃によってキャノピーが破損するかもしれません。キャノピーが外れて吹き飛んでしまうこともあり得ます。

そうなると、一気に低圧・低酸素の空間に晒されることになります。パイロットは、そうした状況に備えた訓練も常に行なっています。

低圧・低酸素の環境下において、人間の体にはどのような変化が起こるのでしょうか。まず、体のなかの空気が膨《ふく》らみます。旅客機内に持ちこんだお菓子の袋がパンパンに膨らむのと同じ原理です。人間の体はお菓子の袋と違って穴が空いているので、口や鼻から空気を抜いてあげれば何の支障もありません。ただ、ゲップがやたらと出ます。こうした知識をあらかじめ持っていれば、冷静に対処することができます。

問題は低酸素症です。その恐ろしさを理解するために、こんな地上訓練を行ないます。被験者は「100から1ずつ引きながら、紙に数字を書いていく」というような簡単な作業を指示されます。ただし、供給される酸素を減らしながら、です。

最初のうちは、100、99、98、97……と順調に進みますが、だんだん酸素が欠乏《けつぼう》してくると、こんな簡単な作業もできなくなります。80、80、80、80……というように同じ数字を書き続ける人もいます。字もどんどんグニャグニャになって、判別できなくなっていきます。

飛行中は酸素マスクを着用し、低酸素症を防ぐ

ここで、酸素マスクを着けます。この時点ではもう、自分で装着できる状態ではありません。そばにいる上官がサポートします。そこで改めて、さっきまで自分で書いていたものを見せられると、「なんで同じ数字ばかり書いているんだ！」とびっくりします。自分ではまったく気づい

ていないのです。これこそ、低酸素症のもっとも怖いところです。

通常、戦闘機に乗るときは、酸素マスクを着けています。コックピット内は与圧されているので、何もトラブルがなければ低酸素症になることはありません。しかし、上空では与圧にも限界があります。だから、酸素マスクを外すことは危険です。一時的に外すことはあっても、長時間外したままで飛ぶことは絶対にありません。

もし味方の機が、不自然な機動をしていて明らかにおかしい、と感じたときは、パイロットが失神している可能性があります。そのときはもう、何度も声をかけて意識を回復させるしかありません。

戦闘機同士の衝突リスクは昔よりも減ったが…

戦闘機に乗るということは、さまざまな危険と隣り合わせになることでもあります。私自身の体験でいうと、片方のエンジンがトラブルで使えない状態のまま帰ってきたことがあります。コントロールできない状態ではなく、すぐに墜落する危険があったわけでもなかったものの、きわめてクリティカルな状態ではありました。

また、上空で戦闘機同士が接触しそうになったこともあります。前述したように、私が乗り始めた頃は、近距離でのドッグファイトを行なっていました。1対1のときには互いが見えているので、接触するようなことはまずありません。しかし、2対1、2対2となると、接触の可能性があります。

私も過去に1度、衝突しかけたことがあります。2対1での戦闘訓練中、一時的に味方の機を見失ったのです。同時に味方も私の機を見失っており、「あれ？」と思った次の瞬間、お互いが至近距離に……。衝突しなかったのは、「たまたま運がよかっただけ」といってもいいでしょう。

戦闘機の空中衝突は、過去にも例があります。旋回するときは必ずハイ（上）かロー（下）かを決めるなど、ルールを守らないと危険です。

ただし、前述したように、今では戦闘時に敵でも味方でも密集して飛ぶことはほとんどありません。ミサイルの射程距離が長くなったことで、敵と近づくこともほとんどなく、1機で広い範囲を守れるため、互いに近くにいる必要もありません。むしろ、互いに距離をとったほうがより広いエリアを守ることができます。そのような意味では、リスクが大きく軽減されていることは間違いありません。

しかし、人間の能力が大きく進化するようなことはないでしょう。かつてあった尻尾《しっぽ》がなくなるぐらいの進化はあるかもしれませんが、人間の基本的な構造は変わっていません。後ろが見えるわけではないし、そういった能力が格段に向上することもないでしょう。

ということは、空間識失調、Gロック、あるいはヒューマンエラーが原因の事故・トラブルはどうしても避けることができないわけです。

機材が原因で起こる事故がなくなる日が来ても、人間が原因で起こる事故やトラブルがまったくなくなるということは、残念ながら難しいでしょう。だからこそ、日々の訓練や鍛錬が絶対に欠かせないのです。

戦闘機は雷に打たれることが大の苦手

天候も、戦闘機にとって危険の要因になることがあります。戦闘機パイロットにとって、もっとも避けたいのが落雷です。落雷に遭《あ》うと、機体の電気系統がすべて機能しなくなる可能性があります。計器類はほとんどが停止します。悪天候のなか、自機のポジションも機体の姿勢も把握しにくい状態で飛ばなくてはなりません。

落雷に遭ったら即墜落、というわけではありませんが、雷の強さや落雷した箇所によって状況は異なります。当たってみなければ、その後どうなるかはわからないのです。墜落の危険性も当然あるので、戦闘機のパイロットにとって、雷は何としても避けたい気象現象です。

訓練飛行の際には、フライト前に必ず気象ブリーフィングを行ないます。現在の天候の情報、雨雲レーダーの情報、今後の推移、それらをすべて頭に叩きこんで、その日の訓練エリアでの行動を確認します。「雨雲レーダーによれば、この領域は危ないので間違っても飛んではいけない」「1時間後には、この雨雲がここまで移動している可能性がある。逆にこのあたりなら大丈夫だ」などと、安全に飛ぶための確認を行ないます。

戦闘機は旅客機のように気象状況を感知するレーダーを搭載していません。いったん上空に出たら、あとは地上から無線で情報をもらうか、自分の目で判断するしかないのです。見通しのよい青空を飛んでいるときであれば、前方に雲があればひと目でわかります。しかし、雲のなかを飛んでいると、この先どこで落雷の危険がある雲に突入するかわかりません。気象ブリーフィングでの情報を頼りに、危険な領域を避けるようにします。

また、危険な領域が〝音〟でわかることもあります。無線の音声にジジジジッという雑音が混じることがあります。これは周辺で磁気の乱れや静電気が発生している証拠です。雷の正体は雲のなかに溜まった静電気の放電なので、周辺に静電気が多いということは雷が発生する可能性も高いということ。その領域は避けて飛んだほうがよいと判断します。

静電気は飛行中の飛行機自身によっても発生します。機体の表面についた水滴やほこりによって摩擦が起きるためです。

ですから、戦闘機の飛んだ跡は、部分的に静電気が強くなっています。2機以上で飛ぶ場合、とくに雲のなかでは、前の機の真後ろに入らないように、航路をずらして飛ぶようにします。前方機が静電気を発生させた可能性のある空間を避けて飛ぶということです。

飛行訓練であれば、落雷の可能性があるときは訓練を中止すればよいのですが、スクランブル発進のときはそうはいきません。もしも、飛行場周辺が雷雲に覆《おお》われていたら、発進を回避して、目標まで多少遠くなっても他の飛行場から発進させることもありますが、状況によっては発進せざるを得ないこともあります。

行く手に雷雲があれば、上か横を通って回避します。落雷の危険を考えると、下を通るという選択肢はありません。飛行機に高高度まで飛べる性能があれば上を、そうでなければ横を通って抜けていきます。

戦闘機は、基本的に全天候型で設計されていますが、雷だけは別です。気象現象のなかで、もっとも警戒すべきは雷なのです。

夜間の編隊着陸は神経がすり減る

夜間に洋上を飛行している戦闘機は、どうやって基地に帰り着けるのかという疑問を持ったことはないでしょうか。

その答えは、GPS（全地球測位システム）があるからです。GPSによって、自分のポジションも、向かうべき場所を入力すれば、その場所に向かう方角もわかります。

GPSがなかった時代はどうしていたかというと、各基地からは360度全方位に向けて電波が出ており、周波数を合わせることで、自分のポジションを把握していました。電波を発信している局の方向がコンパス上に矢印で示されるので、その方向に飛んでいけば間違いなく目的の基地にたどり着くことができたのです。

では、GPSに万一のトラブルが発生したときは、どうするのでしょうか。このとき、無線が生きていれば、誘導してもらうことができます。「090方向（真東）に飛べ」「270方向（真西）に飛べ」というように地上のコントローラーとやりとりをしながら進路を決めていきます。いずれにせよ、基地の場所・方向と自分のポジションさえわかれば、飛ぶべき方向は自動的に決まってきます。

そして、夜間着陸は、夜ということだけでも日中より神経を使いますが、編隊着陸となるとさらに難易度が増します。

滑走路の幅は約150メートル、これは民間の飛行場でも変わりません。通常の1機での着陸では左右に十分な余裕がありますが、2機同時に着陸する場合は、絶対に幅75メートル内に収めないと接触の危険があります。そういう意味では、緊張感がまったく違います。

編隊で機動する際は、必ずリーダーがいます。着陸するときも、リーダーを信頼して、リーダーとの位置関係だけを頼りに、滑走路に進入します。最終的に滑走路が見えたら、接地のタイミングだけをコントロールします。

このとき、単独で着陸するのであれば、いくらでも微調整ができます。途中で速度が落ちすぎたと感じたら、その時点で急激にパワーを上げることも可能です。しかし、編隊では前後の位置関係が乱れてしまうので、微調整は危険です。

とにかくリーダーを信頼し、リーダーに合わせることだけを考えるようにします。技術的にも難しく、若手の登竜門ともいえます。

4 防空の最前線を飛ぶ使命と覚悟

過酷な任務につく空自の戦闘機パイロット

初めてF-15を目の前で見たとき、先輩パイロットから「戦闘機」と「国防」について貴重な話を聞きました。

日本の空を守るということはどういうことか。

国民の命を守るということはどういうことか。

国有財産を守るということはどういうことか。

自衛隊が活躍するということはどういうことか。

自衛隊の存在意義は……。

入隊直後だった18歳の私にとって、このときの先輩パイロットの話は、正直なところすべてを理解することができませんでした。

「あのとき、先輩が伝えようとしていたことが、やっとわかった」と感じたのは、自衛官になって10年経《た》ったくらいの頃です。練習機や戦闘機といった飛行機に合計1000時間ほど乗ったくらいの時期でした。それまでありとあらゆる教育を受け、実際に経験してようやく、先輩の話を理解できたと感じたときは鮮明に覚えています。後輩に教育できるようになったのもこの頃でした。

日本は島国、四面環海《しめんかんかい》です。

国を守るには東西南北、３６０度警戒を要します。もしも外敵の脅威があるなら、上陸されてからでは遅すぎます。国民の命や国有財産を守るためには、より陸地から離れたところで抑止しなければなりません。

できるだけ国土から遠いところで、いち早く相手の意図を察知し、攻撃の意思があるなら事前に止める。そのためには、できるだけ速く、そこに到達しなければなりません。現時点でそれが可能なのは、戦闘機だけです。

だからこそ、速さと確実さを追究する。

「迅速《じんそく》かつ確実に」――これは、戦闘機パイロットの世界において、よく使われるフレ

発進前のパイロットは常に緊張感と重圧に襲われる

日本における「領空侵犯」

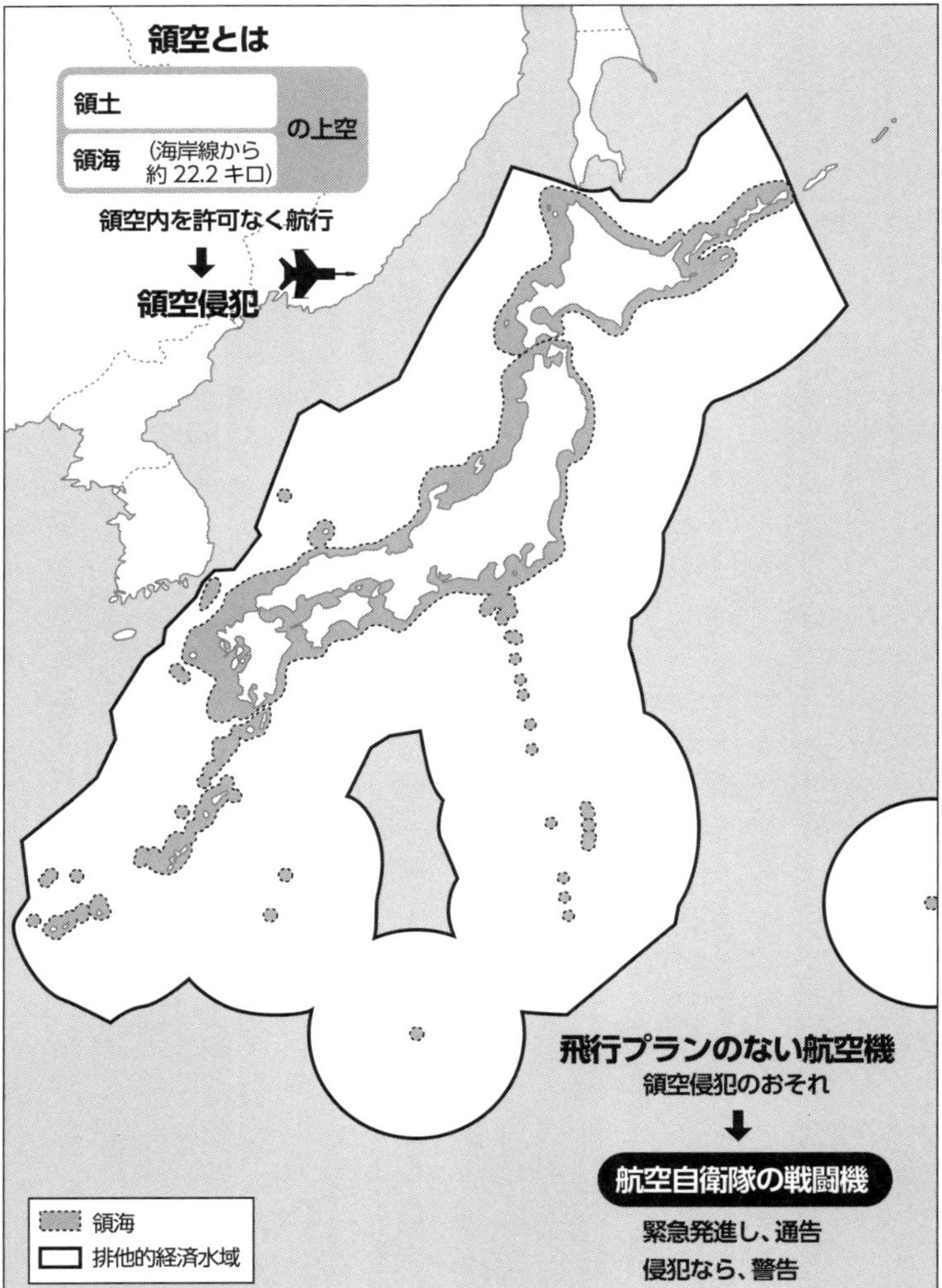

※令和 6 年版『防衛白書』を参考に作成

ーズです。

とにかく速く目的の地点に到達する。相手が攻撃してきた場合に備えて武器を搭載する。日本を守る、という意味では、護衛艦や現在開発中の空母もそうですし、陸上では戦車もそうでしょう。どれも重要で、それぞれ用途が異なります。そのなかで、第一線で日本を守る装備、それが戦闘機なのです。

アラート待機中のパイロットたちは何をしている?

戦闘機パイロットの重要な任務の1つに、アラート待機があります。

アラート待機とは、戦闘機を運用する各基地の戦闘航空団において、対領空侵犯措置《そち》命令が発せられたときに直《ただ》ちに発進できるよう、24時間365日待機する任務のことです。

アラート待機につくと、まず、ブリーフィングでその日の天候などを確認し、頭に叩きこみ、かつ重要事項をメモします。メモは、いざというときに上空であわてないための用意です。このメモをパイロットは「アンチョコ」と呼びます。

アラート待機では、いつ発進命令が出るかわかりません。命令が出たら、5分以内にスクランブル発進しなければならないので、常に緊張した状態で発進準備をしています……といいたいところですが、100パーセントの緊張感を保ち続けるのは無理です。

常に緊張していたら、精神的にも体力的にも疲弊《ひへい》してしまいます。むしろ、いざというときにすぐに集中、緊張できるように、待機中はリラックスして、人それぞれ思い思いに好きなことをして過ごしています。

私が編隊長として沖縄に勤務していたときは、待機所のなかで、資格取得のための勉強をしたり、雑談をしたり、トランプやゲームをしたりすることもありました。そんな最中でも、もしも緊急発進を知らせるベルが鳴ったら（消防署のようなベルが、ジジジジジッとけたたましく鳴ります）、実弾を搭載してある戦闘機に乗りこんで直ちに出動しなければなりません。

当然、緊張します。だからこそ、待機所にいるあいだは、緊張を緩《ゆる》めておきながら、いざというときにすぐに動ける態勢にしておくのです。

絶対に失敗してはならない命令がいつ訪れるかわからない。心の準備もできない。この感覚は、戦闘機パイロットならではといえるのではないでしょうか。

領空侵犯機に対するパイロットの任務の実際とは

自衛隊が初めてスクランブル発進の体制をとったのは、1958年のことです。その後の長

スクランブル発進回数の推移

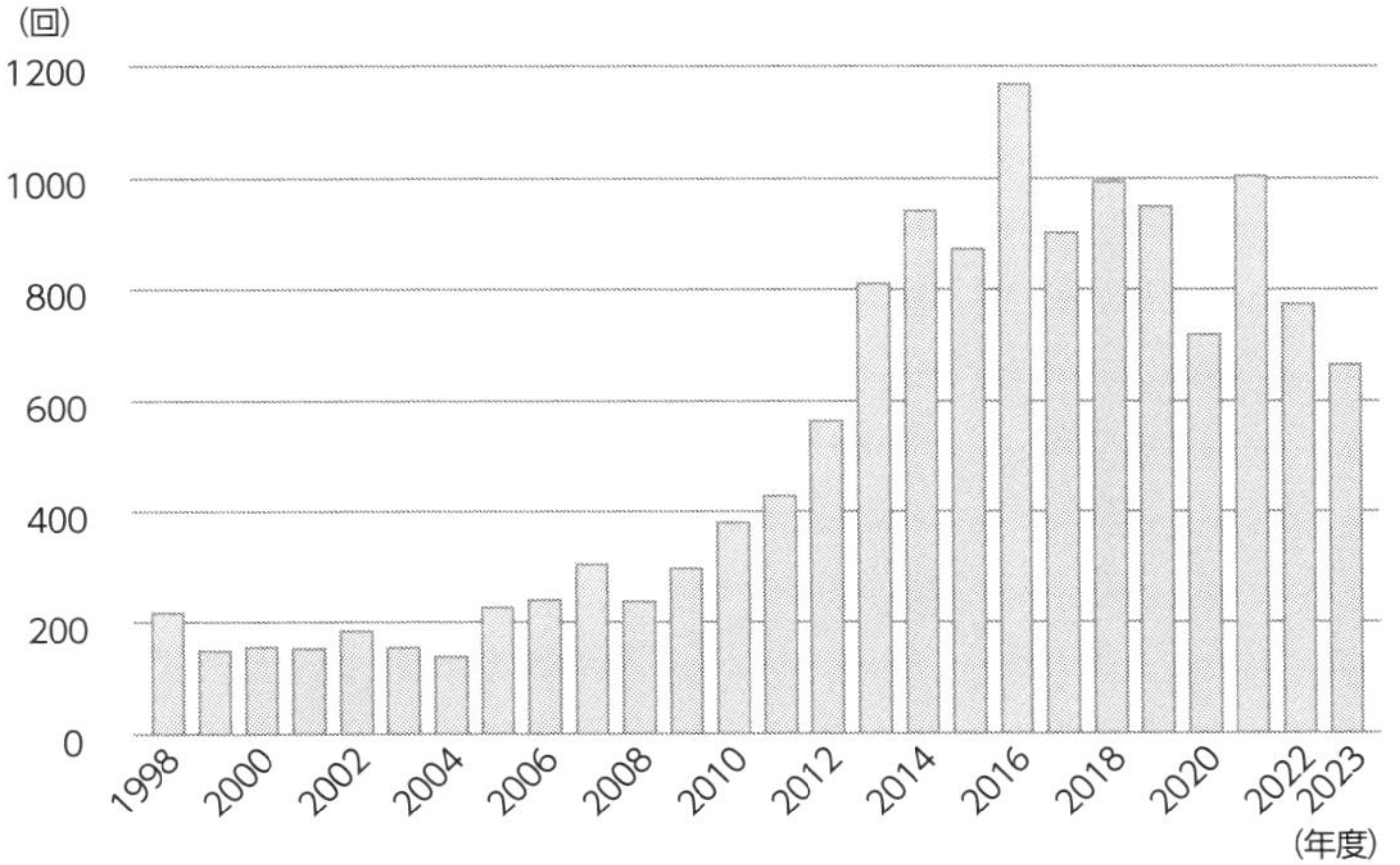

出典：防衛省発表資料

い歴史のなかで徐々に増えていき、ピークは２０１６年の１１６８回。以降は年間１０００回程度で落ち着いています。

それでも、平均すると毎日約3回、全国どこかの基地からスクランブル発進していることになります。

２０００年以前は、ソ連（ロシア）の動きが活発だったため、北海道の千歳基地がもっとも忙しかったのですが、２０１０年頃からは中国が軍事力をつけてきたことにより南方が中心となりました。近年は全体の7～8割が沖縄県の那覇基地からのスクランブルです。

詳細を知りたい方はぜひ、防衛省のホームページを覗《のぞ》いてみてください。スクランブル発進の歴史や現状を知ることができます。

私が那覇基地に勤務していたのは２０１６年

から2017年までの約2年間でした。前述したようにもっともスクランブル発進の多い年で、2016年は那覇基地だけで811回。本当に忙しい毎日でした。

若手のときに那覇勤務になると、スクランブル発進が多すぎるため、通常の訓練をする時間がありません。機体の細かいコントロール技術などの練習ができないわけですが、その分、実地経験を積むため、経験値や度胸といった部分は明らかに伸びます。スクランブル発進の多さは、戦闘機パイロットとしては、メリットもデメリットもあるわけです。

スクランブル発進したあとは、オーダーに従って任務を遂行《すいこう》します。

たとえば、他国の飛行体が日本の領空に向かって飛んできているとします。ある距離まで接近した時点で発進命令が出され、スクランブル発進します。

パイロットには、飛行体がどこの国の基地から発進したものか、ファイター（戦闘機）なのかボマー（爆撃機）なのか、といった、その時点でわかる限りの情報が与えられて、オーダーが出されます。

飛行体が領空から遠方にいるときは、まずは監視です。他国の飛行体の意図、企図、計画などはわかりません。飛行体の近くまで接近し、直接目で見ることでわかることもありますが、ほとんどは想像の範疇《はんちゅう》です。つまり、相手が何を考えているのか、まったくわからないまま飛ぶわけです。

そういったなかでの対処は、ちょっとした間違い、勘違いが命取りとなるため、きわめて慎重に行なう必要があります。あのヒリヒリとした緊張感は、他の何物にも代えることができません。

防衛省のホームページには、スクランブル発進の状況を報告しているページがあり、中国やロシアの戦闘機や爆撃機の写真が掲載されています。どんな航空機が飛んできているのか、ぜひ見てみてください。

このように、日本の領空を侵犯する意思の有無にかかわらず、領空に近づいてくる彼我《ひが》不明機に対してすべて対処します。

状況によっては、機体信号や無線を使用することもあります。当然、日本語で話したところで伝わりません。英語、ロシア語、中国語など必要な言葉、フレーズを頭に叩きこんだことを覚えています。

戦闘機を操縦しつつ、国際法や憲法など、ありとあらゆるルールに則《のっと》りながら、オーダーのもと最善の対処をする。こういったなかで慣れない言語を使うのは簡単ではなく、想像以上の時間と努力が必要になります。

緊急発進時、パイロットはどんなことを考えるか

スクランブル発進は、いわゆる「緊急事態」ですから、何かのトリガーで戦争が起きてしまう、という可能性もゼロではありません。発進するときは、パイロットとして常にそういう心構えでいました。

前述したように、発進時には実弾を搭載しています。武器を発射しなければならない、という事態になる可能性も十分に考えられるためです。通常訓練では基本的に模擬《もぎ》弾のみを積むので、それだけでも気持ちの重みは全然違います。

待合所ではリラックスしていると述べましたが、そうした気持ちのコントロールができるようになるのは、ベテランと呼ばれるようになってからです。若い頃は、いくら先輩パイロットに「リラックスしていていいぞ」といわれても難しいものがありました。いつスクランブル発進命令が出るかわからない。命令が出たら、実弾を搭載している戦闘機で飛んで対処しなければならない。リラックスできるわけがないのです。勉強をしているフリをしても、ずっとそわそわして落ち着かない、という状態です。

私が初めてスクランブル発進したのは、茨城県の百里《ひゃくり》基地でした。百里基地は太平洋側にあ

るので、ふだんはスクランブル発進そのものが少ない基地です。その日はたまたま石川県にある小松基地周辺の天候が悪く、「百里基地から発進せよ」というオーダーが出たことを覚えています。

とにかく、失敗は許されません。ウイングマンと呼ばれる僚機ポジションでしたが、とてつもなく緊張したことを覚えています。

訓練では何度も、他国の軍事用の飛行機の画像や資料を目に焼き付けるほど見ていました。それでも実際に機体を目の前にしたときの感情、体感は、一瞬それまでの訓練が無《む》であったようにも感じてしまうほどのものでした。

それくらい、他国の軍事用の飛行機を目の前にするということは衝撃的であり、改めて国防の意識を考えさせられるきっかけにもなりました。

訓練飛行時、パイロットはこんなことを考えている

スクランブル発進は、そもそもいつ発進するかわからないので、気持ちを切り替える余裕はありません。一方、通常の訓練飛行のときは、あらかじめ時間も決まっていて、それまでの流れも決まっています。

たとえば朝9時にフライト、というときには、その1時間から1時間半くらい前にフライトするパイロットが集合し、ブリーフィングを行ないます。ブリーフィングでは、その日の天気情報、訓練内容、スケジュール、連絡事項、注意事項などを確認します。

「さあ、これから飛ぶぞ」というとき、気持ちを切り替えるためのルーティンがある人もいれば、とくに意識しないという人もいます。私の場合は、ブリーフィングの前にフライトブーツの紐《ひも》を結び直す、これが気を引き締めるルーティンでした。

フライトスーツやフライトブーツは、基本的には支給されますが、その使い方は人それぞれです。ブーツも、履きやすさや脱ぎやすさを重視してファスナー仕様にする人もいれば、紐仕様にする人もいます。

私の場合、支給品ではなく私物を履いていました。足のサイズが大きく、そのサイズに合ったブーツの生産も少なかったためです。「支給まで1年かかる」といわれたので、自分で紐仕様のものを購入し、愛用していました。

なぜ、紐仕様かといえば、ベイルアウトの際に脱げにくいからです。ベイルアウトで射出される瞬間、大きなGがかかるので、ブーツが緩《ゆる》いと脱げてしまいます。ブーツがなければ、着地したあと、山中ならば素足で移動しなければならないし、海中なら足が冷えて長時間は耐えられません。

フライトブーツの紐を一度緩めてから、きつく結び直す――これは気合を入れる、気持ちを切り替えるためのものでした。今改めて振り返ると、とくに意識してこのルーティンを行なうようになったのは、リーダーになってからでした。

編隊を仕切る立場として、若いウイングマンたちの命を預かる、自分の命を預ける、という覚悟を持ってフライトに臨む。

それは、ブリーフィングでその日の戦闘の方針、飛び方の方針をオーダーするときにはすでに始まっているわけです。

戦闘機乗りとしての「覚悟」を胸に飛ぶ

冷静に考えれば、戦闘機パイロットが背負っているものは、とてつもなく大きいといえるでしょう。そもそも、戦闘機1機の値段は100億~200億円もします。その戦闘機に1人で乗り、時には国同士の争いごとのトリガーになるような行動をとらなければならない可能性もあります。

しかし、実際に戦闘機に乗っているときは、戦闘機の値段を考える余裕など、とてもありませんでした。

「戦闘機に乗る」ということは、きわめて高い集中力が求められます。操縦するだけでなく、戦術を実行する、ということも含めてです。離陸してから着陸するまで仮に3時間だとすれば、この3時間はまさに〝超〟集中です。

戦闘機から降りた今、各地でのイベントやYouTubeで現役時代を改めて振り返る機会があります。そんなときは、「パイロットとして、100億円もする戦闘機に乗っていたんだな」と実感することもありますが、実際に乗っているときは一度も考えたことがありませんでした。「いざというときはこういう行動をする。その覚悟はできている」。それだけです。

ただし、人の命に関しては別です。機材

飛行中は高い集中力と「パイロットとしての覚悟」が求められる

は無駄にしてはいけませんが、万一のトラブルがあっても替えがききます。ベイルアウトして戦闘機1機を海に沈めたとして、100億円が無駄になるかもしれませんが、替えはききます。でも、人の命の替えはききません。一緒に飛ぶ仲間は命を預け合う仲間です。

さらにいえば、私は「仲間」を超えた「血のつながらない兄弟」だと思っていましたし、実際に後輩にも「お前は、血のつながらない兄弟だから、いざというときは守るし、お前も守れ」といっていました。それが、「戦闘機乗りとしての覚悟」だと私は考えています。

戦闘機パイロットは悲劇をどう乗り越えていくか

戦闘機パイロットとして、いちばんつらいことは、仲間を失うことです。戦闘機に限らず、輸送機でも救難機でも、事故は起こり得ます。私が自衛隊にいた約20年のあいだにもいくつかの事故がありました。自分で目《ま》の当たりにしなくても、訃報を聞いたり、事故調査報告書を見たりするのは本当につらいものがあります。

前述したように、ベイルアウトしたパイロットもいますし、エンジンが炎上しながら辛《かろ》うじて着陸したケースもあります。なかには、殉職された先輩もいました。空間識失調が原因だとされていましたが、本人の口からはもう何も聞くことができないので、本当のところはわかりません。

Gロックで墜落したという事故もありました。そのときはニュースになっているはずですが、世の中で大きく注目されるようなこともありません。

こうした悲しい事故が起きるたびに自分の身に置き換えてしまうのは、実際に乗っていた人間としては自然なことでしょう。

いくら激しく落ちこむような経験であっても、自分自身のことであれば、時間が解決してくれます。今はつらいけれども、真っ当《まとう》に逃げることなく進んでいけば乗り越えられる、そう思って過ごせば、いつか振り返ったときに時間が解決してくれたと知ることができます。

しかし、事故は一生付きまといます。とくに残された家族、一緒に飛んでいた仲間の心境を考えると、これほどつらいものはありません。文字どおり、同じ釜の飯を食って、同じ目的を持って、厳しい訓練にも共に耐えながらやってきた〝血のつながらない兄弟〟です。

実際、事故を見て「もう乗りたくない」と思った隊員もいたことでしょう。事実、自衛隊を辞めた人間もいます。

もちろん、事故は頻繁に起こることではありません。とはいえ、まっすぐ飛ぶのが仕事ではないので、可能性は旅客機に比べたら高いといえるかもしれません。ふつうの自動車とF1のようなもので、F1のレース中に頻繁に事故が起こるわけではないけれど、いざ起きたときの衝撃は大きなものがあるのです。

自分自身、飛ぶたびに死を意識していたわけではありませんでした。死については、戦闘機乗りになった時点で、覚悟ができていたのかもしれません。

それよりも、万一戦闘になった場合のことを常に意識していました。いざというときには、守るものがある、そのためにどう生きなければいけないのか、ということをいつも考えていました。

「死を意識しない」のですから、「死ぬのが怖い」と思ったこともありません。もちろん、いざその状況になったら怖いと思うでしょう。空中でエンジンが停止してしまったとしたら、そのときは想像を超えた恐怖感を味わうのだと思います。

それでも、そんな事態が起こり得る前提でフライトしていました。心構えと覚悟は常に持っていました。

戦闘機にも〝洗車機〟はある？

自動車で高速道路を走ったあとに洗車をすると、フロントガラスに虫などの細かい汚れがついていたりするように、飛行機でも飛んだあとは汚れがつきます。空気中のゴミなど、ほとんどは目に見えないようなものです。

ですから、機体の清掃は欠かせません。とくに沖縄では海が近いので塩害《えんがい》の恐れがあります。洗車場のような設備があり、定期的に洗浄を行ないます。

といっても、自動車のように洗剤でピカピカに磨き上げるようなことはしません。水で洗い流す程度です。

洗浄を行なう担当者もおり、パイロットが手伝うこともありますが、基本的にはお任せしています。

離着陸しやすい空港・基地はある？

一般に飛行機が離陸・着陸しやすいか、ということであれば、どこの基地でも同じでしょう。

ただし、戦闘機にとって離陸しやすいかどうか、つまり、離陸後直《ただ》ちに戦闘機としての能力を最大発揮しやすいか、という意味では、たとえば沖縄の那覇基地は〝離陸しにくい〟基地だといえます。

那覇基地の飛行場地区は官民共用になっており、当然、民間の旅客機も上空を飛んでいます。

そのため、しばらく低高度を飛んでから

でないと、高高度に上昇することができません。

その点、茨城県の百里基地などは、初めから高高度に上昇できるので、すぐにパフォーマンスを発揮しやすいです。

那覇基地や百里基地のような特性がある飛行場は多々《たた》あります。そういった観点で考えると、戦闘機パイロットにとって離陸・着陸のしやすい空港や基地というのは、たしかにあるかと思います。

TACネームはどう決まる?

TACネームとはパイロットのニックネームのようなもので、無線で呼びやすいように、名前が被《かぶ》らないように、傍受されたときに本名を秘匿《ひとく》するため、などの理由でつけています。

私のTACネームは「Hachi」、8人兄弟なので「ハチ」にしました。

TACネームは本人が希望することもできますが、決めるのは上官です。

たいていは、初任地の歓迎会の席で、「自分はTACネームを◯◯にしたい」とプレゼンします。

私の場合は、8人兄弟は珍しい、漢字にすると末広《すえ》がりで縁起がいい、数字をTACネームにした人はこれまでにいない、などとプレゼンし、比較的すんなりと決まりました。

上官が一方的に決める場合もあります、「この部隊には『GIAN（ジャイアン）』がいるからお前は『NOBITA（ノビタ）』だ」とか、『MARU（マル）』がいるから、お前は『BATSU（バツ）』にしろ」といった具合で決まってしまうこともあります。

どうしても気に入らないTACネームをつけられた人は、本人が編隊長になったときに変更することもあります。

5 空自の精鋭集団「アグレッサー」の素顔

アグレッサー部隊が「空自最強」といわれる理由

私がF−15戦闘機のパイロット資格を取得して最初に赴任したのは、茨城県百里《ひやくり》基地の第305飛行隊（現在は宮崎県の新田原《にゆうたばる》基地に移転）でした。部隊マークが梅の花のデザインであることから、「梅組」と呼ばれます。

そこで、初めてアグレッサー部隊と〝戦い〟ました。彼らは毎年、各基地に巡回教導《きようどう》にやってきます。アグレッサー（Aggressor）とは「侵略者」の意味で、中国やロシアなど、敵と想定される国軍の戦術を研究・模倣して、教導では敵役を演じます。

アグレッサーのパイロットは、各部隊から選び抜かれた精鋭であるだけでなく、敵国の最新の戦術を研究し、シミュレートします。つまり、アグレッサー部隊による教導は、各部隊間で行なう訓練とは異なり、いわば〝最強の敵〟との模擬《もぎ》戦闘ということになります。

アグレッサーの「章」はドクロとコブラ。ドクロは、空中戦では小さなミスが死に直結するという警告を表します。コブラは一度噛《か》み付かれたら一瞬で毒が回る、一撃が命取りになるという警告であると同時に、空中ではコブラのように360度広い視野を持てという意味も表しています。アグレッサーの隊員はそういった意味を持つコブラのワッペンを胸に、ドクロのワッペンを肩に着けています。

アグレッサーが教導に来ると、部隊からパイロットが選抜されて対戦します。若かりし頃の私には、部隊のパイロットが必死になってアグレッサーと戦闘するのに対し、アグレッサーのパイロットは涼しげにフライトをこなし、圧倒的な成果を上げて飛行訓練から帰ってきているように見えました。

そして彼らは、「まだまだ技量が足りないぞ」と厳しい教訓を置いて去っていきます。それを淡々《たんたん》とやるところが、威圧感があり、格好よくもある。私が部隊にいるときに見たアグレッサー部隊は、そんな印象でした。

アグレッサーに対する受けとめ方は、人それぞれだったと思います。「ああ、またア

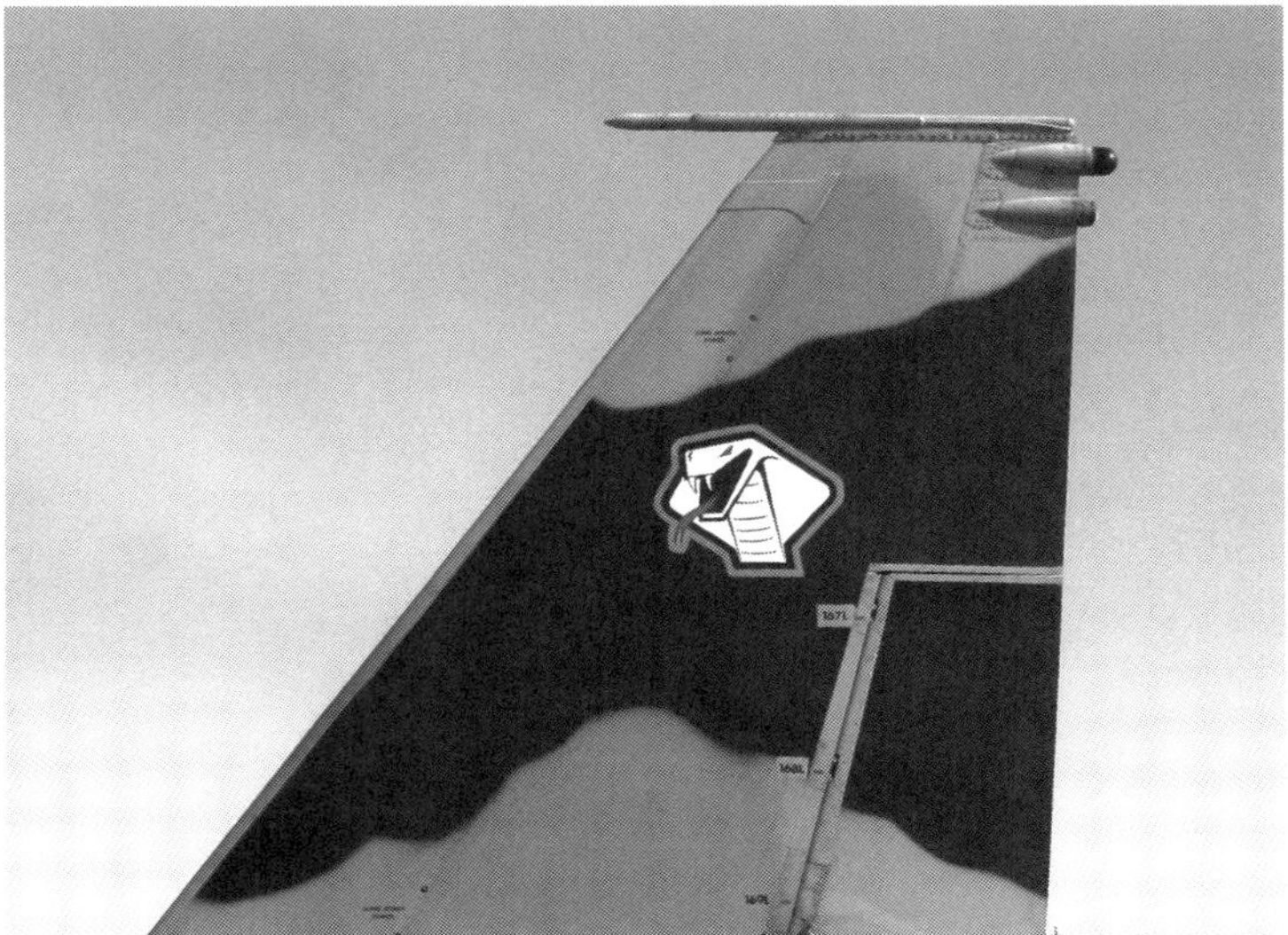

アグレッサー部隊の象徴の1つ「コブラ」マーク

グレッサーが来たか」と疎《うと》む者もいれば、「よっしゃ、やってやるぜ」と奮《ふる》い立つ者もいる。私はどちらかというと後者でした。自分がいざ飛行隊の代表になるようなときが来たら、絶対に勝ってやるぞと思って日々訓練に励んでいました。

戦技競技会で体感したアグレッサーの凄み

私が初めてアグレッサーと対戦したのは、石川県の小松基地で行なわれた戦技《せんぎ》競技会でした。戦技競技会とは、全国に散らばっている部隊の代表が1つの基地に集まって優劣を競う競技会です。戦闘機部門では、アグレッサー部隊が敵役を務めます。

私が出場した戦技競技会は、2対1+1（ツーバイワン、プラスワン）という種目です。最初は2対1で、2機で1機の敵と対戦し、その後、敵がもう1機加わります。

戦闘は、模擬ミサイルのコンピュータ・シミュレーションによる模擬戦闘です。撃墜判定は戦闘中のVTRを解析して行ないます。VTR判定では、撃墜判定だけでなく競技規則に違反がなかったかどうか、たとえば制限高度内を飛んでいたかどうかなどを厳しくチェックされます。撃墜にかかった時間も評価の対象になります。

このように、勝ち負けだけでなく総合的な視点で判定され、優勝者にはメダルが授与されます。とはいえ、やはり撃墜できたかどうか、つまり勝ち負けは大きな要素となります。

結果的に私たちの編隊は〝敵機〟を撃墜しましたが、優勝はできませんでした。1機目は難なく撃墜。2機目、あとから登場したのは、今でも目に焼き付いている青系をメインとした塗装、それが088号機でした。

乗っていたのはのちの飛行班長で、TACネーム（各パイロットが持つニックネーム）は「TETSU（テツ）」。レジェンドと呼ばれる方でした。我が編隊は088号機を撃墜しましたが、時間がかかりすぎました。優勝することはできず、気持ちは敗北感でいっぱいでした。

当時の悔しさ、状況、目の前で起きてい

アグレッサー部隊のF-15「088号機」

たことは鮮明に覚えています。今でも時折夢に出てくるくらいです。人生最大の悔しさを味わい、その経験がその後のパイロット人生の糧《かて》になったのはいうまでもありません。

アグレッサー部隊が乗るF-15は特別なのか

アグレッサー部隊の隊員が乗るF-15は、アグレッサー特別仕様というわけではありません。通常部隊のパイロットが乗るF-15とまったく同じです。

アグレッサー部隊は、複座型F-15DJをメインとして、航空自衛隊が保有するすべてのF-15DJを通常部隊とのあいだでローテーションしながら使用しています。

その理由は、機体の負荷《ふか》を均等にするためです。戦闘機の耐用年数はフライト時間によって定められていますが、同じフライト時間でも、アグレッサー部隊と通常部隊では機体に与える負荷がまったく違います。アグレッサーは常に究極の技術を追究するので、機体に負荷がかかります。

一方、通常部隊の錬成ではそこまで〝手荒な〟乗り方をすることはありません。機体に与えるダメージも違います。それを均一にするためにローテーションを行なって、全体の耐久性を高めているわけです。

ということは、アグレッサー部隊が使用するF-15は通常部隊のF-15とまったく同じ、ということでもあります。アグレッサー部隊の強さは100パーセントがパイロットの腕、敵《かな》わないからといって「乗っている戦闘機が違う」などと言い訳はできないのです。

しかし、機体の見た目に関しては、アグレッサー部隊は特別です。通常部隊のF-15とは異なり、赤や緑など色鮮やかな派手な塗装が施《ほどこ》されています。塗装が派手なのは、ひと目で識別《しきべつ》できるようにするためです。

F-15は日本の主力戦闘機ですから、模擬戦闘の際にF-15同士が対戦することもあり得ます。上空で見たときに同じ色をしていたら〝敵〟だとわからない可能性もあります。ですから、目《も》視《く》《し》確認の際に明らかに敵とわかるように派手な塗装をしているのです。倒せなければ、それも100パーセント実力、「見間違えた」という言い訳も通用しません。

ちなみに、塗装は自分たちで行ないます。デザインもパイロットや整備員が話し合って決めます。塗装は翼面に乗り、マスキングして線を引いて……と、なかなか大変な作業です。

一方、一般のF-15の塗装は「制空迷彩」と呼ばれています。淡いグレーの濃淡《のうたん》が青空に溶けこんで敵に視認されにくいという特徴があります。

ちなみに、F-2戦闘機はブルーの迷彩ですが、こちらは「洋上迷彩」と呼ばれます。対艦ミサイルを搭載して海面すれすれを飛ぶことを想定し、上空から見たときに海面の色に溶けこん

グレー１色で塗装された通常部隊のF-15

アグレッサー部隊のF-15にはカラフルな模様が描かれる

で視認しにくいようになっています。

アグレッサーの活動は多岐にわたる

私は百里基地で6年半F‐15に乗り、フライトリーダーも務めたあと、アグレッサー部隊に転属となりました。あの精鋭集団に、今度は自分が呼ばれて入ることになったのです。

アグレッサー部隊の活動は主に3つ。研究、訓練、教導です。ここで、その概略を説明しておきましょう。

【研究】

アグレッサー部隊では、他国軍の分析・研究を常に行なっています。といっても、得られる情報は限られています。

たとえば、レーダーや衛星によって得られる情報などから、他国の装備やその性能について分析します。そして、分析結果にもとづいて、相手の戦術を読み解きます。「この装備であれば、相手はこう動いてくるだろう」「この距離では、このミサイルを使ってくるだろう」などと模擬のシナリオを作成するのです。そのために、アグレッサーには防衛省の情報幹部が常駐しています。これも通常部隊との違いの1つです。

情報収集や分析を行なうのは防衛省ですが、分析についてはアグレッサーが最初に行なうこともあります。他国の装備や性能、あるいは戦闘機そのものが最新機に変わる可能性があり、それにともなって戦技・戦法も変わってきます。そのたびに、分析とシナリオを更新する――これが半永久的に続きます。

【訓練】

他国の戦術を研究してシミュレートしたシナリオを作成すると、それをみずから演じられるように日々訓練を行ないます。

後述しますが、「アグレッサー部隊に呼ばれる＝すでに相応《そうおう》の実力がある」と認められたわけではありません。訓練を重ねて実力を身につけなければ、所属していた部隊に帰されることもあります。

アグレッサーの任期は人によりますが、だいたい約5年。そのあいだに教導資格を取得します。教導資格は初級から最上級といったように段階があり、限られた訓練環境と時間のなかで資格を取得できなければ、アグレッサーパイロットとして部隊のパイロットの前に立って教導することができません。

そこに同情的要素は一切なく、きわめて厳しい世界でした。

【教導】

「教導」も自衛隊ならではの用語で、指導を意味します。アグレッサー部隊の正式名称は「飛行教導群」。部隊のパイロットを指導して、強く鍛えるための組織です。

そのために行なうのが、巡回教導です。各基地を巡回して、敵役を演じながら教導（指導）します。1回の教導は1週間から10日です。

年間のスケジュールは、年度の初めに確定します。アグレッサー部隊の方針というよりも、国の方針に近いかもしれません。たとえば、ある年は、研究に力を入れましょう、ある年は、巡回教導を積極的に行ないましょう、という具合に、その年のニーズに則《のっと》って活動方針が決まります。

選ばれし者だけが可能な操縦テクニック

アグレッサー部隊に着任してすぐ、私は戦技競技会で倒せなかったテツさんに「あなたを倒しにきました」と〝挨拶〟しました。しかし、すぐにこの言葉を後悔することになります。

アグレッサー部隊を、隊員は親しみとリスペクトを込めて「アグレス」と呼びます。着任して改めて知ったことは、「アグレスの実力は桁違《けたちが》い」だということ。戦技競技会で対戦したときは、大変悔しい思いをしました。戦闘では何が起こるかわかりません。ところが、彼らはそれをすでにわかっていたかのように、敵役として淡々と飛んでいたのです。

アグレスは、教導で最初から実力を出し切ることはしません。あらかじめ、レベルを決めて戦います。レベルが10段階あるとすれば、「今日は5でいこう」「7でいこう」と最初に申し合わせておくのです。「最初は、相手にここまでは好きにやらせてみよう。攻撃のチャンスもあげよう。チャンスを見逃さず、的確に攻撃してきたら合格。でも、見逃したらアウト。その後は容赦《ようしゃ》しないよ」という具合です。

たとえば、戦闘機同士の接近戦、いわゆるドッグファイトでは、敵機の後方から攻撃するのがセオリーです。後ろにつくチャンスがあれば、すぐに飛びこみ、いいポジションをとって戦いを優位に進めなければなりません。

アグレスは戦いながら、わざと相手にスキをつくってみせます。そこで、相手がどう判断するか。「攻撃に行けない。無理だ」と判断したのか、そもそもスキを見逃したのか。いずれにせよ攻撃のチャンスを逃したら、アグレスは許してくれません。それくらい力量の差があったのです。

戦闘の力量だけでなく、アグレスは戦闘機の扱いそのものが並外れています。たとえば、飛行機にとっていちばん厄介なのが気象現象、とくに横風です。横風に煽《あお》られたら飛行機は傾きます。

通常は、水平線を目で見て、あるいは三半規管《さんはんきかん》を働かせて、意識的に水平を保ちます。横風が吹いたら傾く、傾いたら戻す、というのが自然な行為です。戦闘機パイロットとしての経験を積むことで、それがしだいにうまくできるようになります。

ところがアグレスは、横風が吹いても、機体が傾かないのです。最初から、傾いたりズレたりさせないために、風を感知して、飛行機の挙動をあらかじめ予測したうえでコントロールしているのです。

後席に乗って操縦を目《ま》の当たりにしながら、その技術に驚きました。「ベテランの域」というのとも少し違うように感じます。強《し》いていえば、「人と飛行機が一体となる、というのはこういうことなのか」と腑《ふ》に落ちる感覚です。

空中戦のさなかでも、すべてを掌握できる

「この人たちには絶対に敵《かな》わない」と打ちのめされたのは、初めての訓練のあとでＶＴＲを見た

ときでした。アグレッサー部隊は、フライト中は各機に設置したカメラでＶＴＲを録っておきます。あとでそれを見ながら反省会を行ない、パイロットがどこで何をどう判断していたか、敵役の視点で振り返ります。

ＶＴＲを見て驚いたことがありました。ハイＧのなか、パイロットが笑っているのです。こちらが一瞬一瞬を真剣に判断し、必死になって戦っているのに、笑いながら余裕で相手をしてくれていたわけです。まさに、手のひらの上で踊らされているような感覚。どこで何が起こり得るのか、すべてを掌握《しょうあく》済みだったのだろうと思います。

あの挫折は、人生で初めてでした。今までそれなりに挫折もしたし、落ちこんだりしたこともありましたが、そんなものは屁《へ》みたいなものだったと思い知りました。

着任したとき、「あなたを倒しにきました」と生意気をいったテツさんには、それから１週間も経たずに「偉そうなことをいってすみませんでした」と謝りました。圧倒的なレベルの差に文字どおり、打ちのめされたのです。

アグレッサーの実力は、どのように磨かれるのか

アグレスの実力は、持って生まれた才能などではありません。日頃から相当に厳しい訓練を

重ねることで、維持され、磨き上げられています。

私も錬成中は毎日「殺される」と思って飛んでいました。大げさに聞こえるかもしれませんが本当です。

もちろん、高い技術を持った人たちの集まりなので、機体同士が接触しそうになったり、危ないと思ったりしたことはありません。仮に相手が技量不足でぶつかりそうになっても、それすらも余裕でかわす人たちです。ですから、飛んでいてヒヤリとしたことはありません。それでも毎日、「殺される」と思いながら飛んでいたのです。

彼らと飛ぶと、まず自分の弱さに気づかされます。F-15を飛ばす技術そのものに関しては、そこまで力不足を感じることはありませんでした。それまで6年半乗ってきて、F-15については熟知しています。

ところが、実際に飛ぶと、結果がついてこないのです。味方への指示を出すタイミングがコンマ数秒遅い、あるいは、本来見ていなければいけないところを見ていない、そうした精度の甘さは、通常部隊にいるときにはまったく問題になりませんでした。しかし、アグレスのレベルでは通用しないのです。

訓練には、アグレスの全員が参加します。その日、飛ぶのが4人だとしても、ほぼすべてのアグレスパイロットが集まります。

フライト前のブリーフィングでも、ベテランだろうが若手だろうが、いろいろな意見が飛んできます。フライトが終わって降りてくると、今度は「機動解析」が始まります。解析ボードに、格子《こうし》状に編隊各機の動き（機動）を線で書いていきます。最初はこういう隊形、次はこうなって、こちらから敵機がきて、こう対応して、という動きを、記憶を頼りに、時にはＶＴＲを確認しながら、机上《きじょう》に再現していくのです。ベテランのパイロットになると、みずからが操縦せずに、後席で見ているだけでもすべてが頭に入っています。

機動解析が終わると、それを確認しながら、教訓を導き出します。このあいだ、厳しい声が飛びかいます。フライトしたパイロットだけではありません。先輩パイロットから錬成者に対する「ダメ出し」が続くのです。

初めて私が錬成者の立場に立たされたときの驚きは、とても言い表せないものがありました。もう、自分の動きのすべてを見透かされている、手にとるようにわかっているな、という感覚です。

フライトから帰り、自分で機動を描《えが》いていくと、「そのとき何を考えていたか」をすべていい当てられます。このときはこうだっただろう、このときはこうしようとしただろう……後席に乗っていた人、一緒に飛んでいた人、全員が「痛いところ」を的確に突いてきます。考えのすべてをいい当てられた私は、返す言葉がまったく見つかりませんでした。

おそらく、彼らはそういう経験をずっとしてきているし、そういうフライトを見ているし、そういう教育をしてきているのだろうと、今ではわかります。でも初めてのその場で思ったのは、「この人たちは普通じゃない。勝てるはずがない」ということでした。

なぜ、彼らはそこまでやるのか。簡単にいえば、「アグレッサーであるからには強くあらねばならない。日本の戦闘機について熟知していなければならない」ということです。

さらにいえば、「敵役をやるからには、他国の戦術を常に研究し、体現できなければならない。そのためには自分の技量を伸ばさなければいけないし、飛びながら相手の考えていることも手にとるようにわからなければいけない」といったさまざまな要素を、全員が共通認識として持っているからです。

そして、全員が共通した認識を持つことが、日本の空を守るということ。いい換えれば、そうでなければ空は守れない、ということです。だからこそ、当たり前のように全員がフライトを見て、解析に参加するわけです。

厳格なのにフレンドリー…結束の強さは想像以上

機動解析後の反省会は徹底的に行ないます。終了時間も決めず、解析にケリがつくまで何時間でも続けます。全員が腹に落ちて、これで終わり、となるまでです。

そして、反省会が終わったら、もうそのあとはフランクな関係です。フライトでミスをしたパイロットがノートを開いて反省点をまとめようとすると、首根っこをつかまれて引き起こされます。「それはもう十分やっただろう。1人で落ちこんでいても何も変わらないぞ」という感じです。

アグレスは厳格で厳しい集団ですが、一方で、非常に仲のいい集団でもあります。初めて着任したときは大いにとまどいました。アグレスに来る前、通常部隊で想像していた世界とまるで違っていたからです。

アグレスは、ものすごく厳しい世界だと感じる一方で、ファミリーのようにフレン

発進を見送る整備員。アグレッサー部隊には整備員も精鋭が集結する

ドリー。その結束の強さは想像以上です。着任した当初は、「この落差はいったい何なんだ」と人間不信に陥《おちい》りそうになったり、訓練の厳しさに何度も「もう無理だ」と音《ね》を上げそうになりました。

でも、このアグレスならではの厳しさも優しさも、いつのまにか自然と理解し、当たり前に感じるようになったのも事実です。

連携こそ、アグレッサー部隊の真骨頂

アグレッサーは技量の高いパイロットの集団ですが、それだけで〝強い〟のかといえば、そうではありません。2機以上で飛ぶのであれば、1人ひとりの操縦が巧みなだけでは意味がありません。そこには連携が必要です。

これは、スポーツに例えればわかりやすいでしょう。サッカーはフィールド上に1チーム11人の選手がいます。そのなかに圧倒的なテクニックを持った選手が1人いても、チームが必ず勝てるとは限りません。

周りの10人の選手が連携し、監督が立てた戦略のもとに戦術を組み立て、相手の動きに応じて、巧みに攻守を切り替えながらボールを回していく。そうして90分間を戦い、最終的に勝つ

ことができればいいわけです。

空中戦も同じです。飛行機を操《あやつ》る技量が高ければ勝てるわけではありません。3次元の空間のなかで、目的を共有し、それを明確に理解して、それぞれがサポートし合いながら突き詰めていくのです。

それはけっして簡単なことではありません。操縦の技量を高めることも簡単ではありませんが、それは結局、個人の努力しだいであり、乗れば乗るほどうまくなるのは事実です。

しかし、そこに仲間がいて、自分以外の者たちと連携しなければなりません。最終的には生きるか死ぬかという領域にかかわってくるとなると、さらに難易度が高いといわざるを得ません。

アグレスの結束の強さの裏には、その本質的な要素をけっして妥協《だきょう》しないという決意があるのです。

飛んでいない時間は「すべてを吸収する」時間

アグレッサー部隊と通常部隊の大きな違いの1つは、飛んでいない時間にあります。

1日に1時間半のフライトがあるとしたら、そのためにかける地上での時間はその5～6倍にもなります。

錬成で飛ぶときは、前日に前回までのフライトを振り返ることから準備を始めます。当日は、自分の他に何人もの錬成者が飛ぶので、それも見て研究し、自分のフライトに活《い》かします。

さらに大切なのは、フライトが終わったあとです。振り返って、教訓をいかに自分のものにするか。教訓をいかにうまく地上でまとめることができても、それだけでは意味がありません。問題は「上空で活かせるかどうか」です。

そのためには、フライトに対する先輩たちのアドバイス、評価、ダメ出し、すべてを吸収しなくてはなりません。

ある先輩からは「とにかく、地上にいても目と耳をフル活用しろ。聞けるものはすべて聞いておけ」と教えられました。「ここで話している横で、何人かがブリーフィングをしているとする。それもすべて聞いておけ。後ろで話していることも聞いておけ。目の前の人と話しながら、隣のボードも見ておけ」と。

最初はそんなことができるわけがありません。むしろ気が散ってしまうだけです。しかし、それを意識するかしないかでまったく違ってきます。意識しなければ一生できるようにはならないでしょう。毎日のようにくり返していたら、しだいにできるようになるものです。

そして、人に何かを伝えるときには、まずしっかり話を聞くことをしない限り、会話は成り立ちません。相手のことを知って理解しない限り、話は一方通行になりがちです。伝えたいことも伝わりません。適切な言葉選びもできません。

だからこそ、先輩たちも「人としての付き合い方」を徹底的にアドバイスしてくれました。そして自分もまた、先輩たちの思いを胸に後輩育成に励みました。

厳しい態度で臨む「教導」の真意とは

アグレスの重要な任務の1つが、教導です。アグレッサーのような部隊は、アメリカや中国にもありますが、その役割は国によって少しずつ異なります。米軍は「アドバーサリー（adversary）」といって、ただ敵役をするだけで教えることはしません。

なぜなら、敵は何も教えてくれないからです。「そこは自分で考えろ。研究しろ」――それがアメリカ流の考え方です。もっとも、アメリカ軍はそもそも部隊の規模が大きいので、各部隊内で敵役と味方役に分かれての模擬戦闘が日常的にできるという事情もあります。

フライトのあとは「○時○分○秒、撃墜されました」と報告するだけで、なぜそうなったのかを分析し、反省し、次に活かすのは各自が行なうべきことだとされています。

日本の場合、アグレスは「飛行教導群」。○時○分○秒に撃墜されたなら、なぜそうなったのかを分析して、今後どうすべきか、教訓を導き出すというところまで突き詰めます。

期間が限定される巡回教導のあいだだけ、アグレスを倒すために真剣になっても意味がありません。大事なのはそのあとです。教導が終了したあとも、どれだけ部隊が頑張れるか、どれだけ強くなれるか、それを導くのがアグレッサーのもっとも重要な役目なのです。

そのためには、相手に強い印象を植え付けることを意識します。物事が記憶に残るかどうかはインパクトの強さで決まります。強烈な印象を与え、映像として焼き付けてもらう、それが大事です。

たとえば、「1週間の教導のなかで、今日のフライトが重要なポイントになる。印象に残そう」と決めたら、あえて厳しい態度で接します。時には、わざとバンッと机を叩いて語気を荒《あら》らげることもしました。

そのときのシーンが強い印象として記憶に残れば、そのときいわれたことも忘れません。今のご時世において、けっしてほめられたことではないでしょうが、万が一の事故やトラブル、ミス、ひいては人命には代えられません。これも教える側のテクニックの1つです。

一緒にフライトしたパイロットの挙動、発言、雰囲気などがどこかおかしいと感じたとき、そのパイロット個人だけの問題ではなく、その部隊全体の雰囲気が原因であることもあります。

そんなときは、部隊の雰囲気から叩き直さないと重大な結果につながる、と考え、意図的に指導方法を変えることもありました。状況に応じて、誰に、何を伝えるのか。伝わらなければ意味がありません。

時に鬼になる。これも教育者として必要な要素であり、優しく教えることがすべてではありません。実戦を行なう可能性がある以上、そんな甘いことはいっていられないのです。

命にかかわるような、何としても相手に記憶してもらいたいという物事は、どう強烈な印象を与えるかが大切なのです。

アグレッサーが「敵役」を演じ続ける理由

教導で、アグレッサーはなぜ敵役をやるのか——それは、何のために戦闘機は飛ぶのか、という問いと同じです。

ひと言でいえば、日本の空を守るため。近隣諸国で時には不穏《ふおん》な動きがあったり、きな臭い情報があったりするなかで、いざというときに誰かが対応しなくてはなりません。戦闘機パイロットもその一員です。

自分たちの能力を最大限に高め、F–15の性能を最大限に発揮する。それができることのすべてなのか、それだけで万全なのか、それは誰にもわかりません。敵を想像し、できるだけの対策を立てたとしても、その対策が合っているかどうかも見当がつきません。

だからこそ、できる限り敵を研究し、最強の〝敵〟を目の前につくり上げること、そしてその敵に勝つ努力をしない限り、最強の防御などできるわけがないのです。

いざ実戦となれば、どんな敵と相対することになるのか、それも判然としません。相手の戦闘機の性能はF-15と同等なのか、パイロットがどのくらいそれを乗りこなしているか、雲中や夜間などの難しいシチュエーションでどのくらいパフォーマンスを発揮してくるのか。

しかも、軍事技術もパイロットの技量も間違いなく進化しています。20年前には雲中や夜間は絶対に飛ばなかった中国の軍用機が、今は航空自衛隊機と同じレベルで飛んでいます。

当然、日本のパイロットも技量を高め、戦闘機の持ち得る性能を最大限に活かす努力をするべきでしょう。敵がどこまでのレベルかわからない以上、最悪の事態、つまり自分たちと同等またはそれ以上のスペックの武器を、自分たちと同等またはそれ以上の技量で使いこなしてくる、と想定して対策する必要があります。

また、敵役と実際に相対するという経験も重要です。戦いには原則がありますが、敵は必ずしも原則どおりに攻撃してくるとは限りません。奇襲をかけたり、弱点を突いてきたりもする、それが本当の戦闘です。

ですから、アグレスに行って思ったことは、強いのは当たり前、そのなかでレベルをコントロールできなければダメだということです。

実際、アグレスのレベルを10とすれば、通常部隊のレベルは5ぐらいというのが、両方を経験した私の実感です。アグレスが敵役として相対するときは、時には2であったり、5であったり、8であったり、さまざまな敵のさまざまな戦い方を演じることができなければ、「いかなる状況でも、お前たちは大丈夫だ」と背中を押すことができないのです。

ただ強いだけで、それで「俺たちに勝てればもう大丈夫だ」といい切れるかどうか、それが正しいかどうか、誰にもわかりません。

だからこそ、最高の研究を行ない、最高のパイロットが集まって、みずから通常部隊では学び得ないような教育を受けて、威厳《いげん》を持って教育にあたる。それが、精神面も含めて技量の向上につながると私は考えています。

そして、そういう自覚があるから、アグレスの人間はどこの部隊よりも真剣なのだと思います。「生きる、死ぬ、守る」ということに対して、誰よりも真剣なのです。

正直な話をすると、ここまで突き詰めて考えても、当時の私は不安を覚えていました。これまで自分が行なってきたことが正しいのか。もしも本当の戦いになったときに耐え得るのか。やってきたことは真に価値のあることなのか。自分は部隊のパイロットの見本になっているようでなっていないのではないか――そんな葛藤《かっとう》が常にありました。それがアグレスに行って感じたことでした。

自力で這い上がらない限り、強くはなれない

アグレスが教えるのは技術だけではありません。戦闘機に乗るとはどういうことか、その意義を教え、意識を高め、体得してもらうことも重要です。

技術を教えるのも簡単ではありませんが、意識を高めることは本当に難しいことです。たとえば、「安全は意識だ。意識するだけで事故は防げる」とよくいわれます。しかし、それはけっして簡単なことではありません。人間、常に意識を高く保つなど、なかなかできるものではないからです。

アグレスに行ってわかったことは、本当に意識を植え付けるには、とことん挫折させるしかないということです。

アグレスに行った人間は、必ず挫折します。通常部隊にいたときに「腕が立つ」といわれたパイロットでも、行ったらすぐにコテンパンにやられます。しかし、それはそこから這《は》い上がらせるためです。這い上がるかどうかは本人しだい。それができない人間は、アグレスが求める領域には絶対にたどり着けないのです。

挫折して「自分にはできない」と思ってしまい、這い上がることができない人間は、どれだけ教育をしても無理だと私は考えます。意識を植え付けるためには、どんなに手を差し伸べようが関係ありません。自分で谷底から上がってこないと、さらに上の領域には到達できないのではないでしょうか。

ですから、「悔しかったら上がってこい」というしかないのです。一方で、上がってきたらまったく別の世界が見えてくる、ということを体現している先輩も多くいます。食らいついていけるかどうかなのです。本当の意味で教育するためには、それがいちばんの方法だと私は思います。

優秀なパイロットでも振り落とされる苛烈な世界

アグレッサー部隊は通常部隊に対する教導が任務ですが、ある一定の資格を得て、アグレスの一員と認められるまでは、通常部隊に対して発言することは認められていません。

アグレスに着任してすぐの頃のことです。巡回教導では年に1回、かつて所属した部隊に行きます。アグレス全員で行くので、新人の自分も帯同しました。

すると、古巣の後輩が「ハチさん、ここを教えてください」と聞いてきました。しかし、アグレスとして新人の自分は、通常部隊に対して発言することが認められていないため、教えることができません。

それどころか、指導の場では後輩としゃべることさえできないのです。そして、本人も「自分はまだ、部隊に指導できるレベルではないな」ということを自覚しています。

後輩からすれば、私は部隊から年に1人出るか出ないかのアグレス隊員。巡回教導に来れば、ある種、憧れの交《ま》じった目で見てくれます。それでも、アグレスのレベルでは半人前扱いですから、発言することは許されません。

アグレスは厳しい世界です。隊員に抜擢《ばってき》されたけれども、敵役として求められるレベルに達することができず、通常部隊に帰された人間もたくさんいます。抜擢された人間は皆、それぞれの部隊から送り出されてきた優秀なパイロットですが、それでもアグレスでは通用しないということは珍しくないのです。

アグレスの任期は、ほぼ5年と前述しましたが、そのあいだ、2~3年のうちに初級から最上級までの指導資格を取得します。F–15だけにとどまらず、他の戦闘機についても机上で勉強します。

資格が順調に取得できなければ、「これ以上は無理」と判断されて、通常部隊に帰されます。最上級の資格が取れるまで、時間がかかっても待つという発想はありません。

私が在籍していた期間でも、数名の隊員が途中で脱退していきました。ただし、そんな隊員が皆、パイロットとして失格というわけではありません。通常部隊で十分に活躍できるどころか、部隊を引っ張っていけるレベルにさえあります。そんなパイロットも脱退せざるを得ないほど、アグレスは厳格な世界でした。

最上級資格を獲得して実感した「責任の重さ」

アグレスのなかで、ようやく「認められた」と感じたのは、最上級の教導資格を取得したときです。

それまでは、発言など認められていないも同然。こちらが何をいっても、ああ言えばこう言う。一生懸命に説明しても「わからん」のひと言で一蹴《いっしゅう》されていました。これも指導方法の一部です。

しかし、最上級教導資格を取得した瞬間に、すべてが変わりました。

アグレスに配属されると、教導のための資格を取得するために錬成訓練を行ないます。最初は初級から始まり徐々にランクアップし、苦労を重ねて最終チェックをクリアし、ようやく最上級の教導資格を取得することができます。

すると、今まで何かにつけ、あれこれといってきた先輩たちが、何もいわなくなります。ブリーフィングで何か発言しても、これまでなら必ず先輩の誰かが発言をぶつけてきたのに、誰も何もいわないのです。そのときに初めて「アグレスの一員として認められたんだな」と実感しました。

最上級の教導資格を取得すること自体がゴールというわけではありません。ただ、たとえば目前の目標にしてきたテツさんと同じ土俵に立てた、同じ会話ができるようになったという感覚はありました。テツさんは私より14期先輩ですが、年齢や経験に関係なく、ある一定ラインを超えた人間同士として認め合う関係になれた、という感覚です。

最上級の資格を取得したことは、メンタル面でも大きな自信になりました。ここまできたら、今まで経験した以上のことなんて起こるはずがない、そう思えたからです。アグレスでの錬成訓練は、想像を超えてきます。もしかすると実戦でさえも、この訓練よりも単純なのかもしれない、と思えるほどです。

それが、最上級の資格を取得したことで、「もうここまでやったのだから、これ以上のことは起こらない」、そう思うことができるようになりました。

その一方で、大きな責任も実感します。最上級の資格を取得したからには、ミスは絶対に許されません。自分だけではなく、引き連れていくパイロットすべてに責任を負います。飛びながら、他の編隊にも指示を出さなければなりません。巡回教導では敵役になるので、自分たちを攻撃してくる彼らのことも面倒を見なければいけません。

何より、「その空間を統一するルールを決める」という役目があります。その日の天候を見ながらルールを決めること、時間管理、安全管理、すべては最上級の人間の役目です。常に、絶対に、ミスは許されないのです。

目標が同じなら、アプローチは十人十色でいい

アグレッサーという環境にいたことは、モチベーションを高めるという意味で、とても貴重な経験でした。

当時は、レベルの高い人たちから、さまざまな技術を盗もうと努力しました。いったいどうやって操縦しているのか。どこでどう判断しているのか。そのようなことはなかなか身につくものではありません。

野球に例えるなら、打つという行為は同じでも、バットの振り方やスイングの軌道は1人ひとり微妙に異なります。体格や体型、筋力、リーチの長さもそれぞれ違うのだから当然です。誰にでも、その人に合ったやり方があるはずです。だからこそ、たくさんの優《すぐ》れた選手を見て、

自分に合ったやり方を見つけ出すしかないのです。

アグレスには、目標になる人たちがたくさんいました。そのなかの1人が、私が戦技競技会でなかなか倒せなかったテツさんで、まさに目の前の目標としていました。しかも、テツさんと同じレベルの人たちが、他にもたくさんいるのです。皆、目標は同じだけれども、アプローチの仕方や、具体的な方法が異なるので、努力の方向を見定めるためにも非常によかったと思います。

アグレスにいるあいだ、自分たちアグレスはどうあるべきなのか、ということも、常に自問自答していました。先輩たちと話し合うこともよくありました。

アグレスは時代によって進化しています。私が若い頃は、ただただ〝怖い〟存在だと感じていました。教導に来ても、肩で風を切って歩いていた姿を思い出します。

それが今では、むしろ礼儀をわきまえた、規律正しい集団に見えます。それは、「自分たちはこうあらねばならない」という意識を常に持ち続け、高めてきたからだと思います。非常に意識の高い集団です。

これは余談になりますが、アグレス隊員は地上での事故や自動車事故も起こしません。じつは航空自衛隊員による自動車での事故はけっして少なくありません。大きな組織なので、抱える人数が多いことを考えると仕方のない部分もあります。

しかし、アグレス隊員の事故はほとんど聞きません。私がいた5年間でも事故という事故はありませんでした。これも、アグレスの自覚の高さの表れだと私は思っています。

飛ぶことの「楽しさ」と「覚悟」をどう教えるか

アグレッサー部隊を5年ほど務めたのち、再び通常部隊に戻りました。私の場合は、福岡の築城基地第304飛行隊に配置されました。当時、階級は三等空佐くらいで部隊に戻るのが通例ですが、私はアグレスに行ったのが若かったため、戻ったときはまだ一等空尉でした。

それでも、戻ったときには、周囲からとても怖がられました。アグレスに当時の最年少で行った人がここに来るらしい、と噂になっていたようです。

アグレス出身だからといって、偉《えら》そうに人に教育する立場になるわけでも、教える権限があるわけでもありません。でも、「アグレスを出ているから、厳しくて、怖い人だ」と思われるのも致し方なかったかもしれません。

私は通常部隊に戻ることが決まったときから、「兄貴的存在になろう」と決めていました。ただただ怖がられて質問もされない、何も聞かれないのでは何の意味もありません。アグレスで得たものを伝えることも大切な役目ですから、「こういうときはこうやって飛ぶ。こういう指示

編隊離陸を行なう第304飛行隊のF-15。第304飛行隊は
南西諸島空域における航空優勢の確保やスクランブルに対応する

筆者のF-15ラストフライト

を出す」と常に具体的に伝えるようにしていました。

一方で、飛ぶことの楽しさも教えなければいけないという意識もありました。飛ぶことは戦闘機乗りにとって〝仕事〟でもあります。仕事となると、人間どうしてもネガティブに捉えてしまいがちです。しかし、そもそも戦闘機乗りにとって飛ぶことは、喜び、楽しさ、幸せも感じるものです。

そして同時に、「いざというときには、先頭を切ってやらなければいけないことがある」という「覚悟」も、身につけてもらわなければなりません。その切り替えができるようになってこそ初めて、一人前の「戦闘機乗り」といえるのです。

6 険しく充実していたトップガンへの道

戦闘機パイロットになる「3つの道」とは

この章では、戦闘機パイロットになりたいという人のために、私自身の体験をお話ししましょう。

まず、戦闘機のパイロットになるには、3つの方法があります。

1つは、防衛大学校を卒業してパイロットになる方法。防衛大学校は、幹部自衛官を養成する教育・訓練施設です。4年間のカリキュラムは、2年目で陸海空各要員に分かれ、本人の希望と適性によって配分されます。ここでまず航空要員に配分されれば、パイロットへの道が開けます。

2つめは一般の大学を卒業して、一般幹部候補生の採用試験を受けるという方法。一般幹部候補生には「一般」と「飛行」があるので、飛行要員として試験を受けて採用されると、将来はパイロットになる前提で、その後の教育課程に進みます。

3つめが「航空学生」です。航空学生とは、高卒者（見込み含）または高専3年次修了者の男女を対象に、海上自衛隊・航空自衛隊のパイロットを養成する制度です。防衛大学校や一般幹部候補生もそうですが、航空学生になった時点で身分は自衛隊員なので、給料をもらいながらパイロットになるための勉強・訓練を積んでいきます。

戦闘機パイロットへの道のりは、けっしてラクなものではありません。誰もがなれるものでもありません。しかし、挑戦しない限り、選ばれた人間になることもできません。当然厳しい訓練もあります。苦しい思いもするでしょう。

でも、その先には、厳しさ、苦しさを乗り越えた人にしか見えない世界があります。チャレンジする学生が増えてくれれば幸いです。そして、チャンスをつかみとってくれたら、なお嬉しく思います。

航空学生のハードな日常、そしてウイングマーク取得

私が自衛隊のパイロットを目指そうと思ったのは、高校2年のときでした。8人兄弟の6番めとして生まれた私はその頃、親に負担をかけたくないという思いもあり、大学進学について悩んでいました。

大学に進んでその先どうするのか、大学に進むこと自体に意味があるのか。そんなときにたまたま先輩が読んでいた雑誌の表紙で、スモークを出しながら華麗《かれい》な編隊飛行をするブルーインパルスの姿を見て、惹《ひ》きつけられました。調べてみると、高卒で戦闘機のパイロットになれ

る可能性がある、それなら受けてみようと思ったのです。

しかし、そのときは戦闘機に乗るつもりはありませんでした。戦闘機よりも救難ヘリコプターに乗りたかったのです。ヘリのパイロットになって人命救助に携《たずさ》わりたい、それが航空学生を志望した理由でした。

航空学生の受験資格は、前述したように高卒または高卒見込みです。ただし、年齢に上限があり、現在は制限年齢が上がって24歳未満ですが、私のときは20歳未満でした。試験は3次まであり、それをパスした人間だけが航空学生として採用されます。

応募者数も当時は4000人以上が当たり前、採用者は航空自衛隊・海上自衛隊合わせて150人程度でした。倍率は約27倍です。航空自衛隊の同期は約60人でした。ちなみに現在は応募者が2000人前後、倍率は10倍以上とのことです。

航空学生になると基地内での寮生活です。学ぶのは、航空力学、物理学などパイロットになるうえで必要な理論などの知識と、航空法、心理学、英語など実際の任務に求められる知識、そして、体力トレーニング、精神教育などです。

体力については、皆18~20歳の若者なので、走れば走るほど速くなるし、鍛えれば鍛えるほど筋力がつき、常に自分の限界を押し上げる感じでした。

約2年の航空学生課程を終えると、フライトの錬成訓練が始まります。実機に乗るのはここからになります。もっとも大変なところです。

初めてのフライトはプロペラ機でした。私が乗ったときはT-3という初等練習機でしたが、今はT-7です。場所は静岡県の静浜《しずはま》基地。階級は三等空曹、飛行幹部候補生でした。

プロペラ機でのフライトを修了すると、次はジェット練習機です。ブルーインパルスと同じT-4というジェット練習機に乗ります。福岡県の芦屋基地でT-4の前期課程、その後、静岡県の浜松基地に移ってT-4の後期課程と続きます。これを修了すると「ウイングマーク」をもらうことができます。

ウイングマークとは、無事に飛行課程を修了したことを示す証《あか》しで、翼型のバッジを胸に着けます。ただし、これでパイロットとして一人前になったというわけではまったくなく、むしろスタートラインに立ったという感覚でした。自動車の運転免許と同じです。

航空学生になれば、誰でもここまで来られるというわけではありません。成績不良などの理由で航空学生ではなくなることを「罷免《ひめん》」といいますが、これは実質上の「クビ」と同義です。ちなみに、航空学生を罷免されても、自衛官としての身分はそのままです。自衛官として残る人もいれば、自衛隊を辞める人もいます。身の処し方は人それぞれ。旅客機のパイロットを目指します、という人もいました。

昨日まで一緒にフライトしていた仲間が突然罷免となる。これほど悲しいことはありません。

24時間365日ずっと一緒。文字どおり、同じ釜の飯を食った仲間です。当時、私はまだ20代前半、仲間内では基地の外のことを「シャバ」と冗談めかしていっていました。そんな冗談が通じるほど、「閉じた世界」のなかにいたわけです。

そこで、同じ目標に向かって、毎日限界まで知識や経験を詰めこんでいた仲間がいなくなっていくのはとてもつらいものがありました。

それでも「いちいち一《いっ》喜《き》一《いち》憂《ゆう》していても仕方がない。どうせやるんだったら楽しくやろう」と思い直し、パイロット候補生生活をまっとうしたのです。

戦闘機、輸送機、救難機…配属はこうして決まる

ウイングマークをもらうと、パイロットの資格を取得したことになります。しかし、自衛隊の飛行機は戦闘機だけではありません。輸送機や救難機もあり、それらのパイロットも必要です。どこに配属されるかは、オーダーしだいです。

もちろん、希望を出すことはできます。当時の人気は圧倒的に戦闘機でした。同期でも9割以上が志望しました。映画『トップガン』の影響もあったのでしょう。だからといって全員が希望どおりというわけにもいきません。

オーダーは、教官が判断して決めます。成績、体格、あるいは人間性も評価基準になっています。乗る飛行機あるいは任務によって、求められる適性も異なります。戦闘機は基本的には1人で乗ります。武器を搭載して最前線に向かうこともあります。最初に攻撃を受けるかもしれないし、時には攻撃をしなければならないかもしれません。

一方、輸送機や救難機は、旅客機と同じようにパイロットは必ず2人です。さらに、エンジニア、ナビゲーターなどで構成されたクルーがいます。チーム内でのコミュニケーションも重要です。そうしたさまざまな要件を考慮して、各自にオーダーが下されます。私へのオーダーは戦闘機でした。

前述したとおり、私は戦闘機パイロットになるつもりはありませんでした。しかし、これまでの経験から、オーダーは絶対だということも理解していました。そうして「よし、だったらF-15に乗ってやろう。戦闘機に乗れといわれたからには、F-15に乗ろう」と決意したのを今でもはっきりと覚えています。

戦闘機パイロットといえどF-15に乗れるとは限らない

戦闘機パイロットになっても、必ずF-15戦闘機パイロットになれるとは限りません。私の頃は、F−15の他に、F−4、F−2がありました。現在なら、F−15、F−2、F−35のいずれかの道に進むことになります。

私はF−15戦闘機パイロットの道へ進むことになり、浜松基地でウイングマークを取得した後、宮崎県の新田原《にゅうたばる》基地に配属となりました。ここに第23飛行隊という、F−15のパイロットを養成する教育専門の飛行隊があります。ここで初めてF−15のコックピットに乗りこみました。22歳のときです。

もう、緊張という言葉ではいい表せないくらい、緊張しました。緊張しすぎて、嘔吐《おうと》しそうなほどです。憧れといったものではなく、未知の世界が目の前にあるということがそうさせたのでしょう。

そもそも「3次元」という空間が未知の世界です。初級操縦過程でプロペラ機を操縦したり、誰かの後席に乗ったり、あるいは旅客機に乗客として乗るというのなら話は別ですが、ジェット戦闘機は3次元空間を自在に飛ぶことが求められます。自分で操縦桿《かん》を握り、飛行機を自転車や自動車、あるいはそれ以上の感覚で扱わなければなりません。

もちろん、最初は教官と一緒に乗るわけですが、最終的には1人です。自動車であれば、何かトラブルが起きても路肩《ろかた》に停めて対処することができますが、1人で上空に上がったらもう着陸するまで止まれません。戦闘機の構造も含めてすべてを理解し、あらゆる可能性に備えて上空で対処する術《すべ》を知っていなければなりません。
それができなければ、飛行機も自分も帰ってくることができないのです。その現実を初めて目《ま》の当たりにしたのです。

初めてのソロフライトで味わった緊張と解放感

実際に、1人でF-15に乗ったのはもう少しあとのことです。ウイングマークを取得したからといって、まだ一人前のパイロットとなったわけではなく、前述した第23飛行隊でF-15戦闘機操縦課程を修了してから、正式に部隊に配属となります。

これまでの成績がいくら優秀でも、F-15のパイロットとして適性がないと判断されたら、罷免されます。そこまで何年もかけて、さまざまな教育を受け、必死の努力をして知識や技術を体得してきても、たった数週間程度で罷免をいい渡されることもあります。

F-15戦闘機操縦課程に入って数か月経《た》った頃、初めてF-15に1人で乗ることになりました。1人で乗ることを「ソロフライト」といいます。それまでにも、各課程でソロフライトの経験はあり、T-3にもT-4にもソロで乗りました。しかし、戦闘機では初めてです。

初めてのソロフライトは、どんな機種であっても緊張します。緊張しないという人はいないで

ソロフライトでは、1つのミスも許されない

しょう。でも、その緊張のなかに、どこかワクワクする感覚があります。「やったぜ！　1人で乗れる！」という解放感、私はむしろ、そちらのほうが強くありました。

F-15のときもそうでした。もちろん、ミスをしても指摘してくれる人がいないので、自分で気づき、自分で何とかするしかありません。そういう面では緊張はします。それでも、こうして「ソロで飛んでいいぞ」と許可が出るまでには、それなりの時間をかけて努力もしてきているわけです。だからこそ、「やったぜ！」という気持ちが強かったのです。

こうして、救難ヘリのパイロットを目指して航空学生になった私は、結果的にF-15戦闘機操縦課程を無事修了。茨城県の百里《ひゃくり》基地に配属となりました。

ちなみに、通常部隊のF-15は、主にJ型（1人乗り）が配備されているので、以降、アグレッサー部隊に行くまでは、ほぼソロフライトでした。

戦闘機パイロットを目指す人へ

ここからは、戦闘機パイロットになりたいという人によく聞かれる質問にお答えしましょう。

•戦闘機パイロットになるために大事なことは何ですか?

私が学生たちにいつもいっている言葉に「五識（ごしき）」というものがあります。意識、知識、認識、常識、組織で5つの「識」、五識。私がつくった言葉です。

たとえば、安全ということを考えてみましょう。安全対策はまず意識から始まります。意識するためには、知識が必要です。知識がなければ、意識することもできません。意識するためには、そもそもそれを認識する必要があります。

では、どういう観点で認識するかといえば、そこに常識が求められます。常識とは、一定のルールのなかでの共通の価値観、その場にふさわしい価値観という意味であり、そこでは組織というものが、いざというときに力を発揮します。意識、知識、認識、常識、組織――この五識が重なり合うことで、時に想像以上の力を発揮します。

この五識が大事だと、私は教育をするうえで常にいい続けてきました。世の中の物事、すべてに関してです。

たとえば、「チャンスは誰にでも平等にある」という人がいます。しかし、チャンスをチャンスと認識しない限り、それはチャンスではありません。幸運の女神は前髪しかない、といわれるように、通り過ぎてしまったら最後、後ろからつかむことはできないのです。そのときにチャンスだとわからなければ、適切な行動をとることができません。

そのためにも、意識、知識、認識、常識、組織の「五識」が役に立つはずです。

・戦闘機パイロットになるために、やっておいたほうがよいことは?

これはもう、間違いなく英語だといえます。

航空学生には18歳から、高校卒業と同時に入隊できます。誰もが現役で入隊したい、1日も早くパイロットになるために学びたいと思うでしょう。しかし、私自身の体験をふまえて今にして思えば、1年間海外留学をして、しっかりとした英語力を身につけてから航空学生になってもまったく遅くはありません。

たしかに、スタートは1年遅れになるかもしれません。しかし、この先5年、10年経ったときに、この1年がマイナスどころか、逆に1年以上の差をつけることになるはずです。

その理由は、これからはますます、軍事連携、共同訓練が当たり前の時代になるからです。近年、自衛隊では、アメリカはもちろんのこと、オーストラリア、イギリス、フランス、インドなど、さまざまな国と頻繁《ひんぱん》に合同訓練を実施しています。そこでの共通語は常に英語であり、高い英語能力が求められます。

合同訓練では、上空で無線で話すときも英語を用います。無線を通して聞くネイティブな英語を理解することは、地上で聞く場合とはまったく違います。そこではネイティブと同等の英語力、とくに聞き取る能力が求められます。

もしも、パイロットとして上を目指すなら、英語ができるに越したことはありません。評価に際して、技量が最低ラインをクリアしているならどこで優劣をつけるかといえば、英語になってくるでしょう。海外訓練に参加するにしても、英語ができるかどうかで、その後の経験値に差が出るはずです。

英語力は、私たちの頃にも当然必要でした。でも、今ほどは求められていなかったと思います。しかし今は、もう英語ができて当たり前。前提条件と考えてもよいでしょう。

・文系でもパイロットになれますか?

パイロットになるのに、文系と理系はまったく関係ありません。また、運動が苦手、筋力がないからダメだと思っている人、これも関係ありません。実際に、大学を卒業するまで一切、本格的な運動経験なし、という人が今、戦闘機に乗っています。運動ができなければ戦闘機に乗れない、ということはまったくないのです。

実際、私の同期にもいわゆる「運動音痴」の人間がいました。運動能力と飛行機を操縦する能力は、ほとんど関係がありません。

ただし、連携することに関しては、スポーツの能力と近いものがあると私は考えています。たとえば、飛行機同士の距離の取り方、測り方は、武道の間合いと近いものがあると思いますし、サッカーのようなチームワークも必要です。司令塔がボールを持ったときに周りはどのように動かなければいけないのか、という空間的な把握能力、そのうえで、あうんの呼吸で連携をする……といった具合です。

たしかに無線というコミュニケーション手段もありますが、目に見えない距離にいる味方機といかに的確に連携するか、そこにはフィールドスポーツと似た部分はあるでしょう。

しかし、ただ操縦をするという部分については、運動神経がよい人が自動車の運転がうまいわけではないように、運動神経と操縦のうまい下手は関係ありません。

・女性でも戦闘機パイロットになれますか？

現在、各部隊で女性の戦闘機パイロットが大いに活躍しています。候補生も増えており、これからはもっと、第一線で活躍することでしょう。

ちなみに、耐Gに関しては、男性よりも女性のほうが強い、という結果がUSAF（アメリカ空軍）の実験で出ているそうです。女性は男性に比べて小柄《こがら》な人が多く、小柄なほうが耐Gに関しては有利なのだとか。心臓から脳までの距離が近いので、ハイG状態でも脳に血液を送りこみやすいのが要因だといわれています。

また、私見ですが、女性は出産をするから、ということもあるのではないでしょうか。男性は出産の痛みに耐えられないといわれるように、女性はいざというときに力を発揮します。とくに「気張《きば》る」ことは、Gに耐えるうえで重要な要素です。その点でも、女性のほうがGに強いというのは納得できる気がします。

・どんな人が戦闘機パイロットに向いていますか？

1つ確実にいえることは、素直であること。〝向いている〟というよりも、素直でなければ絶対に無理であるといえます。

まず、戦闘機が飛ぶのは、3次元の世界です。ふつうに地面の上を移動するのと違って、誰も経験がない、想像はできるけれども、実際に経験したことはない世界です。

ということは、いざ訓練に入って教官に教わるときには、すべてを素直に受け入れざるを得ないわけです。

たとえば、自動車の教習などで、教官の指示に対して「こうしたほうがいいのでは？」と思った経験のある人は少なからずいるでしょうが、飛行技術については、あり得ません。初めて飛ぶ人にとって、まったく経験したことのない世界だからです。

ですから、どれだけ素直に指示やアドバイスを受け入れることができるか。かつ、素直に思ったことを言葉にできるか、これが大事です。

自分が思っていたことと違う、いわれて

大空を安全に飛ぶには「素直さ」が求められる

いることについて自分はこう思っていた、という認識を擦《す》り合わせない限り、正しい教訓は導き出せません。だからこそ、まず素直であることがとにかく大事です。

もう1つ、将来後輩に教える立場になることを考えると、「馬鹿になれる」ことも大事です。それは、何を教えるにしても、人に合わせなければいけないからです。

教育でよくいわれるのは、一方通行で不特定多数に向かって伝えようとしても、届くのはよくて2割。でも、2割では駄目なのです。1人残らず、わかってもらわないといけません。そのためには、馬鹿になって何でもできる、ということが必要です。

たとえば、叱って伸びるタイプと褒《ほ》めて伸びるタイプがいる、とよくいわれます。だとすれば、相手によっては厳しい鬼教官にもなるし、優しいお兄ちゃんにもならなければいけない。そのときどきの状況に合わせて演じ切ることができる、アクターにならなければいけないのです。演じるというより、むしろ自然とそうなってしまうくらいの人のほうが向いていると私は思います。

戦闘機パイロットは、上空でも常に受け身です。地上からのオーダーもあれば、状況に合わせて対応する必要もあり、自分から能動的に行動するということは少ないのです。

だからこそ、そのときどきの状況に合わせて〝最適な人間〟に自然となれるのです。無理になろうとすると、不自然に偏《かたよ》ったり、なりきれなかったりします。自然となれてしまう人こそ、向いていると私は思います。

私にとって尊敬する先輩が何人かいますが、皆、状況に合わせて〝なりきる〟のがうまい人たちでした。そんな人は発信力も、発言力もあります。

発言力については、もちろん経験がものをいうところもありますが、必ずしもそれだけとは限りません。経験レベルがほぼ同じ人たちのなかで、際立《きわだ》って発言力がある人は、やはり、その場に応じた態度を身につけていて、その場に応じた言葉が出せる人です。

そのためには、たくさんの引き出しがあり、そこから意図的に選んで出してくるのではなく、勝手に言葉が出てくる。そういう人が向いていると思います。

自衛隊のような組織で、リーダーになるような人間は、強い自己主張を持って引っ張っていくタイプと思われがちですが、逆だと私は思います。むしろ、我《が》が強い人間は戦闘機乗りには向いていないでしょう。

実際に機動する際には、オーダーに従って飛ぶことになります。「え？　どうして？」というような命令も多々《たた》あります。しかし、音速飛行中であれば、1秒で約300メートル。3秒ちゅうちょしたら、そのあいだに約1キロメートル進みます。秒単位の融通性、柔軟性が求められるのです。

一瞬でも疑問に思って、行動に遅れが出てしまったら、空間での統率は図れません。もしも自分が編隊長なら、「そんな人間は連れていきたくない」と思ってしまいます。もちろん、「自分はプライドがあり、確固たる自己主張もできる芯の強い人間です」という人を否定はしません。しかし、戦闘機のパイロットであるなら、それをいかにうまく表現し、コントロールするかが大切です。

言い添えておくとすれば、それは「日本だから」ともいえるかもしれません。こちらから相手に対して能動的に行動しなければならない環境では、むしろ当てはまらないこともあると思います。自分で目標を決めて、所要時間を決めて行動するのであれば、話は変わってきます。

しかし、常に受け身である側としては、あくまでも柔軟な対応を取らない限り無理です。状況や相手の出方を見て、こちらがどうするかを決めなければなりません。実際に遭遇したことがないような事態でも、それまでの経験値をもとに行動し、指示を出さなければなりません。

馬鹿になれる人間とは、何があっても柔軟性を発揮できる人間、どこに行ってもそこに染まれる人間です。上に立とうが下にいようが、目の前のことをただポジティブに受け入れることが大切だと思います。

•では、ネガティブな人はどうすれば？

ネガティブな部分は、人間、誰にでもあります。それが健全なことだとも思います。肝心なのは、そのあとの行動です。

たとえば、フライト訓練で失敗すると、誰でも落ちこみます。頭を抱えて「ああ、明日は飛びたくない」と思うかもしれません。

でも、失敗のなかには必ず、学ぶべき教訓があるはずです。それをしっかりつかんで、今は嫌だなと思っても、明日には立ち直ってその教訓を自分のものにできるかが大事です。落ちこむのは結構。どんどん落ちこんだほうがいい。へこんで、反省して、それをどう活かすか、というポジティブさが大切なのです。

・向いていない人はどんな人ですか？

そもそも戦闘機に乗るということは、国民の命を守るということ、国有財産を守るということです。1人で数百億円の戦闘機を操り、いざというときには敵に対してミサイルを発射しなければなりません。そう考えれば、「最初から出来上がった人間」は、まずいない、ということがわかるでしょう。

とはいえ、そのなかでも多少の向いている、向いていないは、やはりあると思います。立ち振る舞いから雰囲気、目つき、話しているときの目線、発する言葉、距離感などから、たしかに「この人はいいものを持っているな」「この人は向いていないかもしれないな」と感じることはあります。

しかし、それは教える側が「この人には、何もいわなくても大丈夫」「この人には、ここまでちゃんといってあげないと伝わらない」と判断して正しく導いてあげれば、変えていけることです。

極端な話、乗るだけであれば誰でも乗れるようになる、と私は思っています。自動車免許でも、1か月で取れる人もいれば、何度も仮免に落ちる人もいるかもしれませんが、最終的にはほとんどの人が取得できます。それと同じです。ただし、戦闘機の場合は、何年以内にどこまでの資格を取らなければいけないという現実的なカリキュラムがあります。そう考えると、苦労するだろうという人はたしかにいます。

でも、結局のところ、いちばん大きいのはメンタルだと思います。本人しだい、心構えしだいです。

コックピット内でのトイレ問題

飛行中にもよおしたとき、もちろん、すぐに着陸してトイレに行くことなどできません。

小用については、携帯トイレを持参して使用します。パイロットはほぼ100パーセント、これを持って上空に上がっているはずです。

「大」については、通常の訓練であれば上空にいるのは長くても3時間なので、体調コントロールで対処できます。

ただし、時にはアラスカでの合同訓練参加など、長時間のフライトになる場合があります。その場合は、便意を止める薬を使用したりしました。

戦闘機パイロットの恋愛事情は？

自衛隊員の恋愛に関しては、一般の方と比べて大きく変わることはありません。ただ、ほとんどの基地は大都市にあるわけではないので、出会いの機会が限られているという現実もあります。

私が若い頃はまだスマートフォンが普及しておらず、マッチングアプリもありませんでした。「先輩の紹介」というかたちの、お見合いに近いものも多かったと思います。

「パイロットはモテるでしょう」とよく聞かれます。否定はしません。とはいっても、パイロットという「肩書」がモテるだけで、自分自身がモテているかというと、そのような感覚はほとんどありませんでした。

7 日本を空から守るということ

時代に応じて「自衛隊のあり方」も変わる

日本では、「愛国心」という言葉を聞くと、どうしても「戦争」をイメージしてしまったり、特定の思想と結びつけて捉えてしまいがちです。

一方で、アメリカなどでは、愛国心はもっと純粋なもののように思えます。スポーツイベントが始まる前に星条旗が掲揚《けいよう》され、国歌を歌う選手たちを見ていると、ただそこに強い誇りを持っている、というように見えます。

しかし日本人は、どうしても敗戦という歴史を背負っているためか、当時の思想や考え方が尾を引いているように私には見えるのです。愛国心を持つこと、それ自体が「右か左かといえば右寄り」というように。

私は、そうではないのでは、と考えています。もっと純粋に日本のことを知ってほしいし、日本を好きであってほしい。日本の空は今どうなっているのだろう、ということも知ってほしい。みんなが日本のことを考えたときに、そのなかの役割として戦闘機に乗っている人もいれば、戦車に乗っている人もいる、さらにいえば、自衛隊というものがある、ということだと思っています。

たとえば、街なかに戦闘服を着て歩いている人がいたら、街の人たちはどう感じるでしょうか。おそらく、国によって異なるでしょう。「彼らはいざというときに自分たちを守ってくれる人」「いざというときに役に立ってくれる人たちだ」と感じる国もあれば、「軍事力の象徴だ」と感じる国もあるでしょう。

他国と比較対照する必要もなく、日本は日本としてのあり方があるはずで、大切なことはそれを共有すること、共通認識とするということだと思います。そういう意味では、愛国心という言葉の捉え方も、誰もが納得できるように変わっていってほしいと純粋に思います。

愛国心という言葉は、とてもよい言葉だと思います。でも、この言葉に必ずしもよいイメージを持つ人ばかりではないことは否定できません。

私が経営する羽田空港のミリタリーショップにいると、アメリカ人が立ち寄ってくれることがあります。軍人であろうがなかろうが、皆、「お前、F-15に乗っていたのか。日本を守っていたのか。それは誇りだな。もう引退したのか。第二の人生を楽しめよ」などと気軽に話しかけてくれます。

おそらく日本人でも、話せばきっと「たしかにそうだな」と思ってくれる人がいるはずだと思います。国を愛するということが、なぜかネガティブな思想になってしまっている。そこはこれから変わっていってほしいと思っています。

そういう意味では、教育もきわめて大事になるだろうと思います。たとえば戦争というものの捉え方、過去は変えられなくても、その捉え方は変えられるはずです。時代に応じて、それは変えていかなければいけないと、いつも思っています。

自衛隊がいくら頑張るといっても、装備も人数も限られたなかで、できることは決まっています。いざ有事となったときに何ができるのか、それはもう決まっています。変えようがありません。あり方を変えるとしたら、そのような部分ではないかと思います。

「二国間の対立＝軍事」ではない

私自身、戦闘機パイロットとして勤務した経験のなかで、さまざまな矛盾を感じてきました。たとえば沖縄では、毎日のようにスクランブル発進があります。それは国と国の問題です。自分はオーダーを受けて飛ぶだけ。日本の空を守るためだと思って飛ぶのみです。

一方、那覇の国際通りに行ってみると、中国からのたくさんの観光客がショッピングや食事を楽しんでいます。「日本最高だね。安いし、美味《おい》しいし、日本人優しいし」などといいながら帰っていくわけです。

そんな光景を目《ま》の当たりにすると、平和というものをどうやって維持するのが本当の正解なのだろうと考えてしまいます。

たとえば中国にしても、ふだん生活するうえでは軍事の問題などまったく気にしていないし、まったく意識していないという国民のほうが多いでしょう。

旅行するのなら日本に行きたいと思っている人も多いと思います。それは日本人についても同じで、日本の空の事情のことなど知らない人のほうが多いのです。

沖縄では、そんなことを考えながら、矛盾を感じたりしていました。かたやこちらは、実弾を積んでスクランブル発進し、中国の飛行機と上空で牽制《けんせい》し合っている。まさにそのとき、那覇の国際通りでは観光客が集まって平和な光景がくり広げられている……。

那覇基地のF-15。筆者所属当時の緊急発進回数は突出していた

でも、それはこれまでずっと維持されてきた関係でもあります。そう考えると、双方《そうほう》がどのように自分の国を愛し、どのように他の国と付き合うか、ということが大事で、国の付き合い＝軍事ではないはずです。

そういう意味で、日本という国をもっと知ってほしい。私自身もそうですが、まだまだ知らないこと、知らなければいけないことがたくさんあると思います。

こんなことをいうと、堅《かた》いとか真面目だと思われるかもしれませんが、あとから自分で学ぶのはなかなか難しいことなので、まずは〝知っていて当たり前〟の知識から、義務教育のなかで教えていくことができないかと強く思っています。

国民と自衛隊が信頼関係を築いていくために

日本をもっと知ってほしい、と同時に、その日本を守っている国のしくみ、自衛隊についても、もっと知ってほしいと考えています。

私は、高卒で航空自衛隊のパイロットになれるということを偶然知り、航空学生になりました。世の中、「たまたま」と表現してよいものと悪いものがあると思いますが、私からすれば、本当にたまたま機会を得て、試験を受けて、たまたま合格したに過ぎません。

結局、内部に入ってみたら、「ああ、全然認識と違ったな」ということがたくさんありました。それは自衛隊に限らず、どこでもあることでしょう。だからこそ、多くの人たちに知ってほしい。とくにこれから自衛隊に入る可能性のある若い人たちには、ぜひ知ってほしいと思っています。

なぜなら、日本では少子高齢化が避けられない課題となっているからです。さまざまな分野で人的基盤が揺らぎつつあります。そんな現状を考えると、今、未来を見据《みす》えて、新しい時代に対応した基盤を整えていかなければいけないし、そうならざるを得ないと感じています。

自衛隊にとってもやはり、人的基盤は重要な課題です。日本は自然災害が多い国です。阪神・淡路大震災、東日本大震災、最近では能登半島地震も発生しました。こうした震災以外でも、台風や洪水などさまざまな自然災害が起こります。

そんなときに、自衛隊は現地に入って活動しています。映像では重機が瓦礫《がれき》を撤去する様子などが映し出されますが、現場で実際に現地の人たちと接し、救助し、ケアしているのは人間です。それも自衛隊員の使命です。

義務教育のなかでも、教科書の1ページでも半ページでもいいので、ぜひ、国防について触《ふ》れてほしいと考えています。自然災害が起こったとき、国民の皆さんは自衛隊の災害派遣を要請し、その活動を望むでしょう。

自衛隊というものは、本来は前面に立って活躍すべきではない存在です。自衛隊が活躍するということは、何かしらの非常事態が起きているときです。おそらくは、日本にとって、国民にとってよいことではないでしょう。そんなときに必要とされるのが自衛隊という存在です。

考えてみれば、警察や消防は、いつも身近にあります。交番も消防署も、きっと家の近くにあるでしょう。お巡りさんは、自転車に乗って街を巡回しているし、消防車を街で見かけることも多くあります。

小学校にも、ときどき消防隊が来て、初期消火や応急処置の訓練をしてくれたり、白バイがやって来て交通安全の指導をしてくれたりすることがあります。

航空祭で来場者に説明を行なう筆者（写真右端）

しかし、自衛隊はそのような活動を行なっていません。自衛隊ももっと国民の皆さんとの接点を増やし、理解を深めることができれば、双方のメリットになると思っています。

いざ災害が起こって、地元の人たちが困っているときは、自衛隊が駆けつけて救助活動を行ないます。さらに大きな話をするなら、この国の空を守らなければならない、海を守らなければならない、領土を守らなければならない、そんなときにも自衛隊が出動して活動を展開するはずです。

私は、国民と自衛隊は相互の理解と信頼関係をもっと深めるべきだと思っています。たとえば、災害でも有事でも自衛隊の車両が一般道を通行することがあるかもしれません。それも、1分1秒を争う、人命にかかわる事態かもしれません。

そんなときに双方の信頼関係があれば、活動はスムーズに行なわれるはずです。極論かもしれませんが、それが国民と国防の理想の関係だと思っています。

自衛官も、もっと世の中のことを知らなければ

これから戦闘機パイロットを目指す人たち、自衛官を目指す人たちへのアドバイス。それは、「自衛官でありながら、自衛官になるな」ということです。

私がいた航空自衛隊にしても、あるいは自衛隊全体にしても、結局は狭い世界です。しかも、自衛官を教育するのは自衛官です。そこでは世の中の流れ、世の中の当たり前が当たり前でなくなり、自衛隊の常識を世の中の常識と思いこんでしまったりします。だから、「自衛官であれ。同時に、自衛官になるな」というわけです。

そのためには、もっと世の中のことを広く知るべきだし、もっと一般の人たちとも交流を図るべきだし、もっと会話をすべきだと思います。自衛官として教育を受けて、自衛官の制服を着ていると、本当はいっていいことでもいわない、口を閉ざしてしまうことが非常に多いのです。

機密を維持するという観点では正しいことだと思います。しかし、広く理解を得られるか、協力体制をつくれるかという観点では、必ずしも正しいとはいえない、とも思っています。

自衛官は、狭い世界に閉じこもっていないで、自分が学びたいと思えばいろいろなところに出ていくべきです。私自身、30歳を過ぎた頃から、無理をしてでも月に1度は必ず東京に出るようにしていました。

自衛隊の基地はたいてい地方の、それもけっして都会とはいえない場所にあります。365日そこにいたら、世の中のことはわかりません。もしも、ある日突然、怪我《けが》や病気で戦闘機に乗り続けることができなくなったら、そしてそのとき、自衛隊の狭い世界しか知らないとしたら、取り得る選択肢が限られてしまいます。それは困るだろうと思ったのです。

そもそも自衛官はブルーカラーだと思われがちです。体力がありそう、正義感が強そう、規律も正しそう……それがステレオタイプのイメージです。

しかし、それだけではないはずです。自衛隊でしか培《つちか》うことができない能力を持ち得た人間で、かつ、世の中のことをよく知る、世故《せこ》に長《た》けた人間であれば、必ず世の中で活躍できるはずです。ただ、そうした能力は、自分から世の中に出ていかない限り、身につかないものだと思います。

仮に世の中の人が、自衛隊をもっと知ろう、もっと触れてみようと思ってくれたところで、それは限界があるでしょう。こちらから出ていって、いろいろな人と接することで、身につくものが必ずあります。逆にそうすることで、世の中の人が自衛隊を知る機会が増え、理解が深まることにもつながるし、そうなってほしいというのが私の思いです。

1人ひとりが、時には広報官であり、時にはベンチャー企業の経営者であり、という意識を持つことが必要だと思います。あくまで1人の人間として、長い人生を考えたときに、ただ自衛官であればいいというわけではないのです。

そもそも日本という国の立場からしても、有事ということを望んでいないし、自衛隊も「軍」という表現はしません。そこで働く人間として、自衛隊のあり方を考えないわけにはいきません。そのためにも、もっともっと世の中に出て、接点を持ってほしいと思います。

元F-15パイロットとしての誇りを持って生きる

私が自衛隊を辞めたのは、自衛隊が嫌になったからというわけではありません。これからの自分の人生を考えて、今、何ができるだろうと考えたときに、自衛隊を辞めるという選択をしただけです。

もちろん、今のような自分を、辞めたときに想像していたわけではありません。いろいろな経験をして、やはり辞めてからでないとわからないことがたくさんあると実感しました。どのような選択をするかは人それぞれです。私は辞めてから、「戦闘機に乗って、こういった経験をした」と自信を持って話しますし、伝えたいこともたくさんあります。今の活動を通じて、私を育ててくれた自衛隊に恩返しができればと思いますし、実際にできると実感しています。

そして、新たな道を進んでよかったと感じています。これは結果論であって、誰しも新たな挑戦をしたり、新たなことを始めたりするときは不安もあるし、勇気が必要です。簡単なことではないでしょう。

人それぞれ、限りある一度の人生でさまざまな挑戦と、たくさんの失敗をすることが成長と貢献につながるのだと思います。

F-15で飛ぶということ。命を懸けて飛ぶということ

私がF-15戦闘機に乗っていたのは、約15年間です。

22歳でF-15に乗り始めた私は、ただ一流の戦闘機パイロットになりたいという思いだけで、ひたすら目の前にある課題をこなしていました。

そして、31歳で最上級の教導資格を取得したとき、ようやく思い至ったのです。何のために飛ぶのだろう？ と。

ただ「飛ぶ」といっても、旅客機のように何かを運ぶために飛ぶのでもなく、自分の楽しみのために飛ぶわけでも、遊覧飛行をしているわけでもありません。

自分のためではない。エゴでもない。そう気づいたからこそ教育者として厳しくもなれます。

この最新鋭の乗り物に、膨大《ぼうだい》な時間を費《つい》やして、貴重な燃料を注《つ》ぎこんで、なぜ乗るのか、なぜ飛ぶのかといえば、それは国民のため、国有財産を守るためです。だからこそ、貴重な税金を使わせてもらい、乗ることを許されているわけです。

そして、自分が教える立場になったとき、もっとも伝えたかったのは、「自分は国を守っているんだということを、胸を張っていえる人間になれ」ということでした。

本気で教える。本気で学ぶ。命を懸《か》けて。

人が本気になると、強さを生み、集団が大きな力を発揮する。このことを知ったのは、アグレッサー部隊に所属してからでした。

多くの尊敬する先輩たちを見てすぐに、それまでは、本気になったつもり、強くなったつもりであったことを痛感しました。それだけではありません。人が本気になることによって生まれる強さや力を目の当《ま》たりにしたのです。

何事も「本気になったつもり」で終わらせてしまうと、いつか「あのとき、もっとやっておけばよかった」と後悔するときがきます。

時間はけっして解決してくれません。ですから皆さんにも、どんなことでも良いので、心から本気で取り組めることを見つけ、挑戦と失敗をくり返しながら、成功体験を積んでいってほしいと思います。

私は戦闘機パイロットとして、何事も本気で取り組んだからこそ、命を預けられる仲間がおのずとでき、強い覚悟を持って任務を全うすることができました。そしてこのことが、現在に活《い》きています。

「国を守る」ということも同じです。

命を預けられる仲間がいる。強い覚悟が生まれる。これらが、さらなる気づきと成長を与えてくれる。

「F-15で飛ぶ」ということは、本気になれる人、その決意を継続した人だけができることなのです。

◉参考文献
『F-15Jの科学』青木謙知（SBクリエイティブ）
『ドッグファイトの科学 改訂版』赤塚 聡（SBクリエイティブ）
『価値ある人生と戦略的投資』前川 宗（ごま書房新社）
防衛省ホームページ

前川 宗 まえかわ・そう
1981年3月生まれ、愛知県出身。高校卒業後、航空自衛隊「航空学生」に入隊し、戦闘機パイロット資格を取得、F-15戦闘機パイロットとして任務につく。飛行教導群（アグレッサー部隊）にも所属。TACネームは「Hachi」。現在は、複数の会社の役員や顧問を務める傍ら、講演活動や学生への教育に注力している。著書に『価値ある人生と戦略的投資』（ごま書房新社）がある。株式会社HighRate代表取締役。一般社団法人「空の架け橋」代表理事。
YouTube：『【空の架け橋】〜チャンネルHachi8〜』
X：@maekawa_so
Instagram：ha_88_chi

元イーグルドライバーが語る F-15戦闘機 操縦席のリアル

二〇二四年一〇月三〇日 初版発行
二〇二五年 四 月三〇日 2刷発行

著 者――前川 宗
企画・編集――株式会社夢の設計社
〒一六二-〇〇四一 東京都新宿区早稲田鶴巻町五四三
電話（〇三）三二六七-七八五一（編集）
発行者――小野寺優
発行所――株式会社河出書房新社
〒一六二-八五四四 東京都新宿区東五軒町二-一三
電話（〇三）三四〇四-一二〇一（営業）
https://www.kawade.co.jp/
DTP――アルファヴィル
印刷・製本――中央精版印刷株式会社
Printed in Japan ISBN978-4-309-29440-7

河出書房新社

鉄道きっぷ探究読本

乗車券・特急券・指定券…
硬券・軟券・磁気券…

後藤茂文

「きっぷ」が秘める謎と
不思議を解き明かす旅へ！
〝きっぷ鉄〟が蒐集した
小さなチケットの
ディープな物語！